能力培养型生物学基础课系列实验教材
山东省高等学校优秀教材

遗传学实验教程

（第三版）

郭善利　刘林德　主编

科　学　出　版　社
北　京

内 容 简 介

本书分为基础性实验、综合性实验和研究性实验三部分。第一部分基础性实验，共 4 章，16 个实验；第二部分综合性实验，共 11 个实验；第三部分研究性实验，共 7 个实验。本教程附录中列有实验室一般溶液的配制、组织和细胞培养常用的培养基、常用染色液的配制、实验常用数据等，为基层工作的同志提供了必需的参考资料。

本书可供高等院校生物科学专业及农、林、医药院校等相关专业师生使用，也可供中学生物学教师作教学参考书。

图书在版编目(CIP)数据

遗传学实验教程/郭善利，刘林德主编. —3 版. —北京：科学出版社，2015.4

能力培养型生物学基础课系列实验教材 山东省高等学校优秀教材

ISBN 978-7-03-044082-2

Ⅰ.①遗… Ⅱ.①郭… ②刘… Ⅲ.①遗传学-实验-高等学校-教材 Ⅳ.①Q3-33

中国版本图书馆 CIP 数据核字(2015)第 075235 号

责任编辑：朱 灵

责任印制：黄晓鸣 / 封面设计：殷 靓

科学出版社 出版

北京东黄城根北街 16 号

邮政编码：100717

http://www.sciencep.com

南京展望文化发展有限公司排版

苏州市古得堡数码印刷有限公司印刷

科学出版社发行 各地新华书店经销

*

2004 年 8 月第 一 版 开本：787×1092 1/16

2015 年 4 月第 三 版 印张：9 1/4

2024 年 7 月第二十七次印刷 字数：211 100

定价：29.00 元

(如有印装质量问题，我社负责调换)

能力培养型生物学基础课系列实验教材
第三版编委会

主任委员： 安利国

副主任委员： 郭善利　徐来祥　孙虎山　黄　勇

委　　员：（按姓氏笔画排序）

王洪凯　朱道玉　刘林德　刘顺湖
刘淑娟　安利国　孙虎山　李师鹏
李荣贵　林光哲　姚志刚　徐来祥
郭善利　黄　勇　曹　慧　焦德杰

《遗传学实验教程》第三版编写人员

主　编： 郭善利　刘林德

副主编： 周国利　赵建萍　邱奉同　姚志刚

编　者：（按姓氏笔画排序）

冯　磊　任少亭　刘　文　刘　梅
刘林德　李金莲　邱奉同　张爱民
邵　群　周国利　赵吉强　赵建萍
姜倩倩　姚志刚　贺继临　秦　桢
高秀清　郭善利

第三版前言

遗传学是生命科学相关专业的主要专业课，是一门既传统经典又发展非常迅速的实验学科。遗传学实验对培养学生分析问题、解决问题的能力，提高其创新意识、创新能力、协作精神和综合科研素养具有重要的意义。

《遗传学实验教程》配合高等院校遗传学实验教学大纲、高校骨干学科实验中心和高校实验教学示范中心的建设，作为能力培养型生物学基础课系列实验教材的重要组成部分于2004年出版发行第一版、2010年修订发行第二版。多年来，本书被国内几十所高等院校使用，得到了使用单位广大师生的一致好评，2008年获得山东省高校优秀教材二等奖。在使用本书的同时，高校师生也提出了许多宝贵的修改意见和建议。党的二十大报告对“教育强国、科技强国、人才强国”提出了更加明确的要求，掌握好遗传学实验技术和现代生物技术等，对科技创新、人才培养、社会发展、推进中国式现代化必将起到极大的推动作用。

由于遗传学和相关学科的迅猛发展，为更好地适应创新型人才培养的需要和高校师生的迫切要求，本教程编写人员在保持前两版教程基本结构和保留调整部分基础性实验的基础上，对教程实验内容重新进行了删减、修改和更新。第一部分基础性实验，调整为4章，16个实验；第二部分综合性实验，调整为11个实验；第三部分研究性实验，调整为7个实验。部分实验项目仍然列出了多种材料和方法及备选方案，供不同学校的教师选择。附录中实验室一般溶液的配制、组织和细胞培养常用的培养基、常用染色液的配制和实验常用数据和实验报告范文仍然保留，提供给基层工作的人员参考。

第三版教程编写过程中，得到了山东省大多数高校同行专家的支持，参与面更广，同时扩充引用了国内外众多作者的文献资料（统一附在教程后面），在此向各位原作者和编者深表感谢！

由于本教程编者水平有限，实验设计及编写内容中的不妥之处仍在所难免，敬请读者批评指正。

编　者

2023年7月修订

目 录

第三版前言

第一部分 基础性实验

第一章 经典遗传学 …… (2)
实验 1 细胞分裂及染色体行为的观察 …… (2)
实验 2 果蝇的观察及单因子杂交 …… (8)
实验 3 果蝇的伴性遗传 …… (13)
实验 4 果蝇的两对因子的自由组合 …… (16)
实验 5 三点测验的基因定位方法 …… (17)

第二章 细胞遗传学 …… (21)
实验 6 果蝇唾腺染色体标本的制备与观察 …… (21)
实验 7 (人类与两栖类)外周血淋巴细胞的培养和染色体标本制作 …… (23)
实验 8 染色体组型分析 …… (27)
实验 9 植物组织的培养 …… (30)
实验 10 诱变物质的微核检测 …… (38)

第三章 微生物遗传学 …… (42)
实验 11 粗糙链孢霉顺序四分子分析 …… (42)
实验 12 啤酒酵母菌诱变与营养缺陷型菌株筛选 …… (49)
实验 13 大肠杆菌(*E. coli*)的杂交 …… (53)
实验 14 细菌的局限性转导 …… (55)

第四章 数量和群体遗传学 …… (59)
实验 15 人类 ABO 血型的群体遗传学分析 …… (59)
实验 16 人类对苯硫脲尝味能力的遗传分析 …… (61)

第二部分　综合性实验

实验 17　植物有性杂交技术 ……………………………………………………… (65)
实验 18　大肠杆菌基因的功能等位性测验——互补测验 ……………………… (71)
实验 19　植物单倍体和多倍体的诱发 …………………………………………… (74)
实验 20　小鼠骨髓细胞染色体显带技术与姐妹染色单体色差法 ……………… (78)
实验 21　植物原生质体的分离与纯化 …………………………………………… (81)
实验 22　大肠杆菌(*E. coli*)的转化 ……………………………………………… (82)
E. coli 的转化实验 …………………………………………………………………… (85)
实验 23　果蝇某数量性状对于选择的反应 ……………………………………… (87)
实验 24　果蝇小翅与残翅性状的遗传及基因相互作用分析 ……………………… (92)
实验 25　质粒 DNA 的提取与琼脂糖凝胶电泳 …………………………………… (93)
实验 26　DNA 的 Southern 印迹杂交 …………………………………………… (96)
实验 27　植物细胞总 DNA 和 RNA 的提取与纯化 ……………………………… (100)

第三部分　研究性实验

实验 28　果蝇伴性遗传与非伴性遗传的比较 …………………………………… (106)
实验 29　利用果蝇检测生活中的有毒有害物质或环境污染物 ………………… (107)
实验 30　染色质的分离及组成成分分析 ………………………………………… (108)
实验 31　增强型绿色荧光蛋白(EGFP)基因在定点突变、亚克隆和表达检测方面的研究与应用 ……………………………………………………………… (113)
实验 32　RNA 干扰实验及其遗传分析 ………………………………………… (116)
实验 33　白眼小翅黑檀体果蝇的选育 ………………………………………… (119)
实验 34　人类小卫星 DNA 的遗传多态性分析 ………………………………… (120)

参考文献 …………………………………………………………………………… (124)
附录 ………………………………………………………………………………… (125)
附录 1　实验室一般溶液的配制 ………………………………………………… (125)
附录 2　组织和细胞培养常用的培养基 ………………………………………… (127)
附录 3　常用染色液的配制 ……………………………………………………… (130)
附录 4　实验常用数据 …………………………………………………………… (131)
附录 5　实验报告范文 …………………………………………………………… (137)

第一部分

基础性实验

第一章　经典遗传学

实验1　细胞分裂及染色体行为的观察

1-1　植物细胞有丝分裂及染色体行为的观察

【实验目的】

1. 观察植物细胞有丝分裂过程及各时期染色体的特征。
2. 学习并掌握植物染色体玻片标本的制作方法。

【实验原理】

细胞分裂是细胞繁殖的唯一途径，一般分为直接分裂和间接分裂。直接分裂也就是无丝分裂，细胞核直接地一分为二。间接分裂又可分为有丝分裂（图1-1）及减数分裂两种。

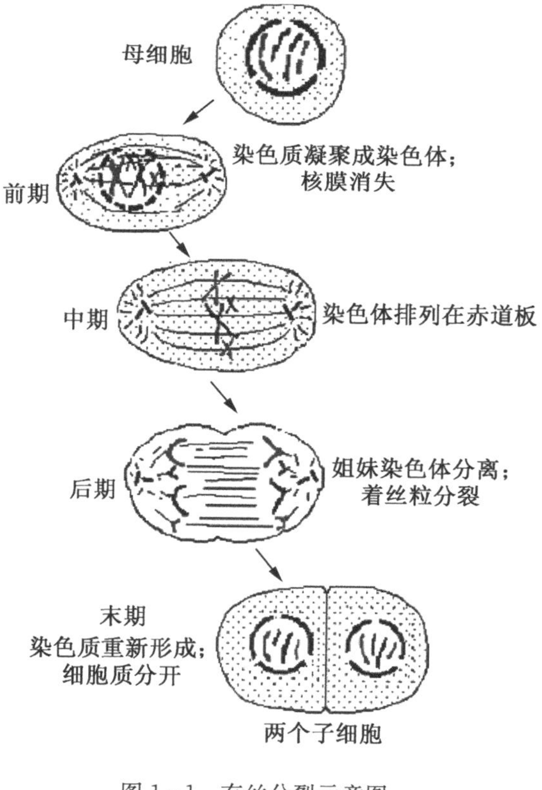

图1-1　有丝分裂示意图

（修改自 http：//www.accessexcellence.org/AB/GG/mitosis2.html）

对有些染色体数目很多的植物材料，采用压片法制备标本很难获得分散而平整的染色体图像。20世纪50年代后，在哺乳类动物细胞染色体研究中建立的一套完整的低渗法及空气干燥技术，使人类和哺乳类动物染色体的研究得到飞速发展。直到70年代植物原生质体技术发展完善以后，Mouras等于1978年应用酶解和低渗处理对有丝分裂染色体标本制备方法提出了新的改进。自此，经过国内外学者的不断探索，建立了去壁低渗火焰干燥技术进行植物染色体标本的制备。此法主要由前处理、酶解去壁、低渗、固定后涂片或制备成细胞悬液滴片、火焰干燥、染色等步骤组成。实验证明，这一技术可以显著提高染色体的分散程度和平整性，现在已广泛应用于植物染色体显带、姐妹染色单体交换等研究中，大大促进了植物细胞遗传学研究的发展。

植物体生长旺盛的分生组织（如根

尖、茎尖、幼叶等)都在进行着有丝分裂。经过取材、固定、解离、染色和压片等处理过程，将细胞分散在装片中，在显微镜下就可看到大量处于有丝分裂各时期的细胞和染色体。有丝分裂中期的染色体具有典型的形态特征，并易于计数。为了获得更多的中期染色体装片，可以采用药物处理或冰冻处理的方法，阻止纺锤体的形成，使细胞分裂停止在中期。同时，通过处理可使染色体缩短变粗，易于分散，便于进行观察研究。另外，通过对组织细胞进行酸性水解或酶处理，可以分解细胞之间的果胶层并使细胞壁软化，细胞容易彼此散开，有利于染色和压片。

【材料与用品】

1. 材料

洋葱(*Allium cepa*)、大蒜(*Allium sativum*)的鳞茎，玉米(*Zea mays*)、黑麦(*Secale cereale*)、小麦(*Triticum aestivum*)、蚕豆(*Vicia faba*)的种子等。本实验以大蒜为实验材料。

2. 用具及药品

(1) 用具：显微镜、恒温培养箱、电冰箱、水浴锅、分析天平、1/100 电子天平、电热套或电炉、温度计、剪刀、镊子、刀片、解剖针、载玻片、盖玻片、滤纸、擦镜纸、量筒、量杯、漏斗、玻棒、培养皿、三角瓶、烧杯、试剂瓶、滴瓶、指管、酒精灯、火柴、切片盒、标签、铅笔、胶水、纱布等。

(2) 药品：蒸馏水、无水乙醇、95%乙醇、二甲苯、冰醋酸、乙酸钠、苯酚、甲醛、碱性品红、山梨醇、秋水仙素或对二氯苯或 0.002 mol/L 的 8-羟基喹啉、中性树胶(或油派胶)、卡诺固定液、1 mol/L 盐酸、45%乙酸、1%龙胆紫、4%铁矾水溶液、2%醋酸洋红染色液或改良苯酚品红染色液、2.5%纤维素酶和 2.5%果胶酶的等量混合液。

【实验步骤】

1. 材料准备与取材

可直接从田间挖取刚长出的幼嫩根尖，也可以在室内培养根尖。本实验用大蒜根尖作材料，取材方便，而且能够获得较多的根尖，可供多人使用。

首先将大蒜瓣扒去皮，然后用细铁丝串起放在盛清水的培养皿内，使根部与清水接触，在 20～25℃光照条件下培养 2～3 d。待根尖长到 1～2 cm 时，选择健壮根尖，自尖端约 1 cm 处剪下准备预处理用。剪取根尖的时间以上午 10 时左右为好。

2. 预处理

为了阻止纺锤体的活动以获得较多的中期分裂相，同时使染色体相对缩短，便于染色体分散和计数，可对根尖进行预处理。如果只是为了观察有丝分裂各个时期的染色体动态变化而不进行染色体计数，可以不进行预处理。预处理的方法有药物处理和冰冻处理两种。

(1) 药物处理：将材料放在培养皿中，加 0.05%～0.2%秋水仙素水溶液室温下处理 2～4 h。也可用对二氯苯饱和水溶液或 0.002 mol/L 的 8-羟基喹啉水溶液室温下处理 3～4 h。这些药物都能使染色体缩短，对染色体有破坏作用。使用时应注意处理的时间，小麦、黑麦、大麦、洋葱和大蒜等处理 2～4 h 为宜，棉花和水稻等处理 2 h 左右为宜。处理时间长短与温度也有很大的关系。

(2) 冰冻处理：将根尖浸泡在蒸馏水中，置于 1～4℃冰箱内或盛有冰块的保温瓶中冰冻 24 h。这种方法对染色体无破坏作用,染色体缩短均匀,效果良好,简便易行,各种作物都适用,但常用于处理禾本科植物材料。

3. 固定或前低渗

将经过预处理和未经预处理的材料(用于和经预处理的根尖进行对比)用蒸馏水冲洗 2 次,然后转移到卡诺固定液(3 份无水乙醇、1 份冰醋酸,现用现配)中,室温下固定 3~24 h。或者将根尖放入 0.075 mol/L KCl 溶液中低渗处理 20 min,然后再用蒸馏水冲洗 2 或 3 次。

注意,如果固定后的材料不立即使用,可放在 70%乙醇中,置冰箱或阴暗处保存。用时再用固定液重新固定一下(30 min~3 h)效果会较好。

4. 解离

常用的解离方法有以下 3 种。

1) 将根尖用蒸馏水冲洗 2 次,放入已经在 60℃水浴锅中预热的 1 mol/L 盐酸中,在 60℃恒温条件下处理 5~10 min,当根尖的伸长区变透明而分生区呈米黄或乳白色时即可取出。

2) 将根尖放入 2.5%纤维素酶和 2.5%果胶酶的等量混合液中(pH 5.0~5.5),室温下处理 3 h 左右。

3) 将根尖放入 95%乙醇和浓盐酸(1∶1)混合液中处理 2~10 min,或将根尖放入 5 mol/L 盐酸中处理 5~10 min。

5. 染色与压片

将解离好的材料用蒸馏水冲洗以后,转入 45%乙酸中软化 10 min 左右。取1 或 2根软化好的根尖放在载玻片上,用刀片切去伸长区,只留下 1~2 mm 的分生区(也就是生长点)。滴 1 滴龙胆紫染色液染色 3~5 min,也可用改良苯酚品红染色液染色 10~15 min,或用醋酸洋红染色液染色 30 min 左右。

染色完毕加上盖玻片,在酒精灯火焰上过 3 或 4 次,以手背试之,感觉微烫为宜(如果室内气温较高或认为染色较好,也可不用酒精灯烤片)。在盖玻片上覆以吸水纸,用左手拇指压住盖玻片的一角,用右手拿铅笔垂直敲盖玻片几下,用力要均匀,尽量多敲几下,把材料震散。继续用左手拇指压住盖玻片一角,用右手拇指用力下压盖玻片,在保证两玻片不错动的前提下,将材料压成薄薄一层,即可放在显微镜下观察。

6. 镜检

压好的片子先在低倍镜下镜检,找到分裂细胞后,再转换成高倍镜观察染色体的动态变化。注意比较经过预处理和未经预处理的材料的不同之处。如果染色体分散良好,图像清晰,就可以脱水封片,制成永久片。

7. 永久制片

将玻片标本用干冰或制冷器冷冻数分钟,也可放在冰箱中冷冻几小时,取出后用薄刀片掀开,将附着材料的载玻片或盖玻片置于 37℃恒温箱中烘干,然后在二甲苯中透明 15 min左右,中性树胶封片,干燥后即可长久保存。

【实验报告】

1. 绘出在显微镜下观察到的有丝分裂各时期的图像并注明时期。
2. 经过预处理和未经预处理的片子有何不同?为什么?

3. 制作两张优良的有丝分裂玻片标本，并说明优良有丝分裂玻片标本应该符合哪些标准。

4. 为了便于观察有丝分裂的过程及其中染色体的动态变化，最好应该选择什么样的材料？为什么？

5. 预处理、固定、解离、染色、烤片、压片的作用分别是什么？它们各自对时间有什么要求？

（郭善利　周国利）

1－2　减数分裂及染色体行为的观察

【实验目的】

1. 了解高等动植物配子形成过程中减数分裂的细胞学特征，重点掌握染色体在其中的动态变化过程，为研究遗传学的基本规律奠定细胞学基础。

2. 学习用植物花药和动物精巢制备减数分裂玻片标本的方法。

【实验原理】

减数分裂是在配子形成过程中发生的一种特殊的细胞分裂形式。其特点是：细胞连续进行两次分裂，而染色体只在减数分裂第一次分裂前复制一次，形成的性细胞只含有体细胞染色体数的一半。在减数分裂的前期Ⅰ，初级性母细胞中的同源染色体配对、联会并进行染色体片段的交换。中期Ⅰ时，同源染色体成对排列在赤道板两侧。后期Ⅰ时，同源染色体由纺锤丝分别拉向两极，而每条染色体的两条子染色体仍由着丝粒连接在一起，结果形成了染色体数目减半的次级性母细胞。次级性母细胞接着进行减数分裂的第二次分裂。在中期Ⅱ时，染色体的着丝粒分开，每个染色单体所形成的子染色体分别分配到子细胞中，结果形成单倍数的性细胞（图1－2和图1－3）。总之，在减数分裂的整个过程中，同

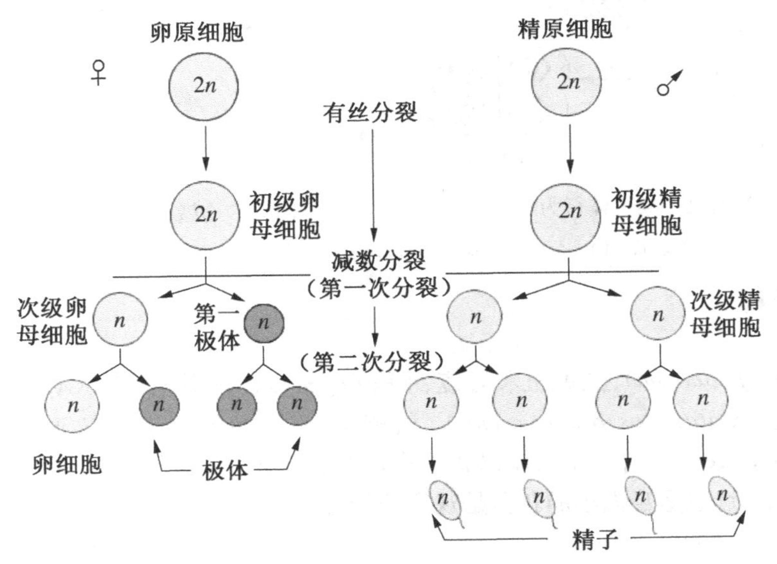

图1－2　减数分裂的细胞行为示意图

（修改自 http://www.accessexcellence.org/AB/GG/mitosis2.html）

源染色体之间要发生联会、交换、分离,非同源染色体之间要发生自由组合。通过染色体的规律性变化,使最终产生的4个子细胞内染色体数目只有母细胞的一半。

高等植物花粉形成过程中,花药内的某些细胞分化成小孢子母细胞,小孢子母细胞经过减数分裂形成4个单倍的小孢子(单核花粉)。在适当的时机采集植物的花蕾(花序),进行固定、染色、压片,可以在显微镜下观察到小孢子母细胞减数分裂的过程和染色体的动态变化。

性成熟的动物精巢中,不断地进行着减数分裂。将动物精巢固定、染色、压片后,在显微镜下可以看到各个时期的分裂相。注意有丝分裂与减数分裂染色体行为的不同(图1-4)。

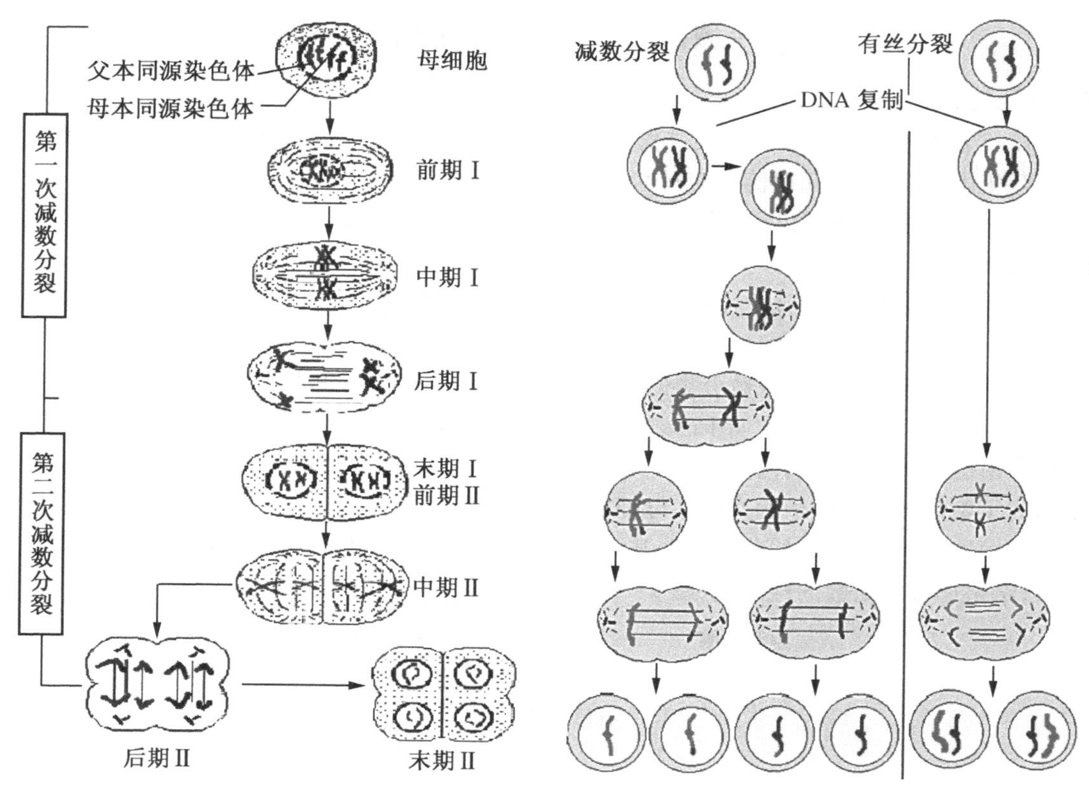

图1-3　减数分裂的染色体行为示意图

图1-4　减数分裂与有丝分裂的比较

(修改自 http://www.accessexcellence.org/AB/GG/mitosis2.html)

【材料与用品】

1. 材料

葱(*Allium fistulosum*)、蚕豆、玉米、小麦、水稻(*Oryza sativa*)、陆地棉(*Gossypium hirsutum*)、短角斑腿蝗(*Catantops brachycerus*)、稻蝗(*Oxya chinensis*)、东亚飞蝗(*Locusta migratoria manilensis*)等。本实验以葱花药和蝗虫精巢为实验材料。

(1) 植物:选取适当大小的花蕾是观察花粉母细胞减数分裂的关键步骤。不同植物的取材时期有所不同。

1) 葱　春季花序嫩绿饱满、总苞光滑时可以取材固定。

2) 蚕豆　从现蕾开始,可选取1~2 mm大小的花蕾或一小段花序进行固定。

3）玉米　在抽雄前2周左右（大喇叭口期），用手指从喇叭口处向下挤捏叶鞘，触到有松软感处，即雄花序的所在部位。在该处用刀片纵向划一切口，用镊子取出花序分枝。此时雄花序先端小穗颖长4 mm左右，花药长2～3 mm，每一分枝中上部小穗发育最早。

4）小麦　在旗叶挑出后，旗叶与下一叶片的叶耳距为2～3 cm时取材较好。但不同品种间稍有差异。

5）水稻　以旗叶叶耳低于下一叶叶耳5～6 cm开始减数分裂，两叶叶耳重叠（间距为0）时为减数分裂盛期。早稻、晚稻减数分裂开始的时间稍有差异，一般颖花长度为3 mm时开始，4 mm时为盛期，6 mm时减数分裂则已终止。

6）棉花　棉花现蕾后即进入减数分裂时期。由于其花序分节着生，因此常按花蕾的长度取材。如陆地棉，一般在三角苞长到1 cm左右花萼与花瓣等长，整个花蕾长3～5 mm时取材较好。

（2）蝗虫的采集：夏末秋初野外捕捉蝗虫（短角斑腿蝗、稻蝗、东亚飞蝗、土蝗或负蝗）雄性成体。直接用卡诺固定液固定3～24 h，换入70%乙醇中保存。

2. 用具及药品

镊子、解剖针、载玻片、盖玻片、大培养皿、立式染缸、酒精灯、量筒、吸水纸和显微镜等。卡诺固定液、醋酸洋红（或改良苯酚品红）染色液、无水乙醇、冰醋酸、甘油、松香、中性树胶或油派胶（euparal）、石蜡、45%乙酸等。

【实验步骤】

1. 葱花药涂片观察

（1）取材和固定：将花序总苞剥去，用卡诺固定液固定，固定3 h后换入70%乙醇中。如果要保存较长时间，可放在70%乙醇与甘油的等量（体积比）溶液中保存。

（2）染色与涂片：取花序用蒸馏水冲洗后，取上、中、下部各2个花蕾放在载玻片上，用解剖针剥出每个花蕾的2或3个花药集中在一起，加1滴染色液在花药上，用解剖针反复挤压花药，使花粉母细胞进入染色液中，用镊子去净药壁残渣，再加1滴染色液染色10 min左右。较大的花药可以先用刀片切碎，然后挤压出花粉母细胞。

（3）压片及镜检：加上盖玻片，上面附吸水纸，用拇指适当、均匀地加压，将周围的染色液吸干（展片）。先在低倍镜下寻找分裂相，然后换高倍镜仔细观察。

2. 蝗虫精巢的观察

（1）取精巢：用镊子夹住雄虫尾部向外拉，找到一团由小管栉比排列构成的黄色组织块，这就是蝗虫的精巢。如果是新鲜材料，要放入卡诺固定液中固定2 h左右，之后再放入70%乙醇中保存。

（2）染色和压片：剔除精巢上的其他组织，用镊子夹取一小段精管放到载玻片上，加适量染色液，染色15 min以上。在酒精灯火焰上过2或3次，加盖玻片，覆以吸水纸压片。

（3）镜检：显微镜下可观察到减数分裂各时期的分裂相及精子的形成过程。

染色良好、分裂相较多的片子也可制作成永久标本。皿内置一短玻棒，倒入约2/3的固定液。将选好的片子翻过来（有材料的面向下），一端搭在玻棒上，在固定液中浸泡。待盖玻片自然脱落后，与载玻片一起轻轻移入95%乙醇$\xrightarrow{\text{1 min}}$无水乙醇$\xrightarrow{\text{1 min}}$加euparal 1滴，封片，贴上标签。

【实验报告】

1. 根据自己的观察,绘出下列各期的图像,并简述粗线期、终变期、中期Ⅰ、后期Ⅰ、中期Ⅱ、后期Ⅱ的特点。

2. 显微镜下区分花粉母细胞和药壁细胞,说明其特点。

3. 观察蝗虫精母细胞的减数分裂和精子的形成过程。

4. 要得到很好的实验结果,取材时应该注意什么?

5. 结合观察减数分裂过程中染色体形态结构的变化,简述减数分裂过程中有哪些重要的遗传学事件发生。

6. 比较动植物减数分裂的差异。

(郭善利　周国利)

实验2　果蝇的观察及单因子杂交

【实验目的】

1. 了解果蝇生活史各个阶段的形态特征,掌握果蝇雌、雄成虫和几种常见突变性状的主要区别方法。

2. 学习实验果蝇的饲养管理、实验操作、培养基的配制等方法。

3. 掌握果蝇单因子的杂交方法和杂交结果的统计处理方法,理解分离定律的原理。

【实验原理】

黑腹果蝇(*Drosophila melanogaster*)为双翅目昆虫,具完全变态。用作实验材料的优点是:① 容易饲养,生活周期短(20℃左右,约15 d一代);② 繁殖能力较强,每只受精的雌虫可产卵400～600粒,因此在短时间内可获得较大的子代群体,有利于遗传学分析;③ 突变类型多,研究较清楚的突变已达400多个,且多数是形态特征的变异,便于观察;④ 唾腺染色体较大。因此,果蝇在遗传学研究中得到广泛应用,积累了许多典型材料。

按照Mendel第一定律,即分离定律,基因是一个独立的单位。基因完整地从一代传递到下一代,由该基因的显隐性决定其在下一代的性状表现。一对杂合状态的等位基因(如A/a)保持相对的独立性,在减数分裂形成配子时,等位基因(A/a)随同源染色体的分离而分配到不同的配子中去。理论上配子的分离比是1∶1,即产生带A和a基因的配子数相等,因此,等位基因杂合体的自交后代表现为基因型分离比AA∶Aa∶aa是1∶2∶1,如果显性完全,其表型分离比为3∶1,这就是分离定律的基本内容。通过果蝇一对因子的杂交实验,即得以验证它(图2-1)。

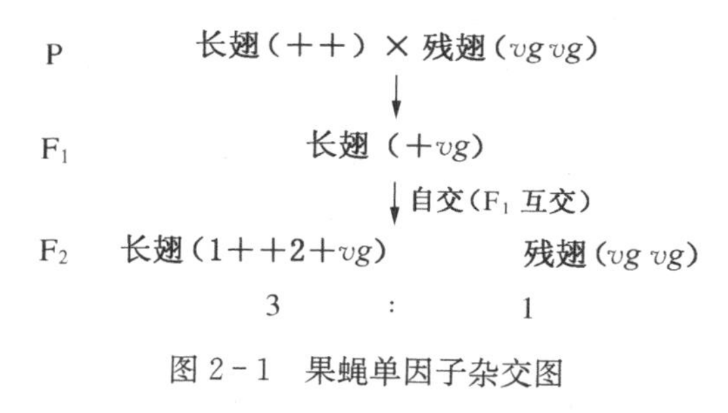

图2-1　果蝇单因子杂交图

【材料与用品】

1. 材料

饲养的野生型和几种常见突变型果蝇。单因子杂交实验可选用黑腹果蝇的长翅(野生型)纯合体、残翅(突变型)纯合体作为实验材料。

2. 用具及药品

(1) 用具：双筒解剖镜、显微镜、放大镜、小镊子、麻醉瓶、培养瓶、白瓷板(或玻璃板)、毛笔、棉塞、软木塞或橡胶塞、恒温培养箱(最好是生化培养箱)、小滴瓶、载玻片、盖玻片、吸水纸、纱布等。

(2) 药品：琼脂、蔗糖(或白砂糖)、乙醇、氯仿(或乙醚)、丙酸(或苯甲酸)、玉米粉、酵母粉(或鲜酵母)。

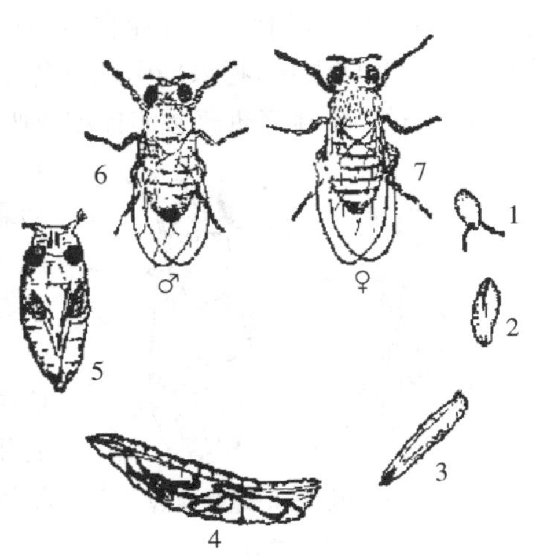

图 2-2　果蝇的生活史

(引自邱奉同和刘林德，1992)

【实验步骤】

1. 果蝇的观察

(1) 生活史　　果蝇生活史(图 2-2)包括受精卵、幼虫、蛹、成虫 4 个发育阶段。果蝇生活周期的长短与培养温度直接相关，30℃以上引起果蝇不育和死亡，低温则使其生活周期延长，如10℃左右时，生活周期长达约 57 d。果蝇生长的最适温度为20～25℃。20℃左右时，整个生活周期约需15 d。各发育阶段所需时间如下：

卵 —36 h→ 幼虫 —6 d→ 蛹 —6 d→ 成虫 —12 h→ 交配 —24 ～ 48 h→ 卵

用放大镜从培养瓶外观察果蝇生活史的 4 个时期，并掌握各阶段的特点及在果蝇杂交实验时应注意的问题。

1) 卵　羽化后的雌蝇一般在 12 h 后交配。果蝇杂交时必须用处女蝇，因此选择处女蝇的时间是在羽化后 12 h 以内(为保证实验准确可靠，选择处女蝇时，以选择羽化后 8 h 以内的雌蝇为好)。雌蝇交配后 48 h 开始产卵，卵的长度约为0.5 mm，为椭圆形，腹面稍扁平，在背面的前端有一对触丝。

2) 幼虫　幼虫从卵中孵化出来后即一龄幼虫，一龄幼虫经两次蜕皮成为三龄幼虫。一龄幼虫很小，在培养基中不易被看见。三龄幼虫较大，常爬在培养基表面或培养瓶壁上。三龄幼虫体内前端有一对半透明的唾腺，就是做唾腺染色体的实验材料。三龄幼虫的活动力强而贪食，在爬过的培养基上留下一道沟，若整个培养基被幼虫钻出多而深的沟，表明幼虫生长良好。

3) 蛹　幼虫生活 6～7 d 后即化蛹，化蛹一般在瓶壁上，呈梭形，起初颜色淡黄，以后逐渐硬化且变为深褐色，深褐色的蛹则即将羽化。

4) 成虫　刚羽化出来的果蝇，虫体较长，翅未完全展开，体表白嫩；以后会逐步几丁质化，颜色逐步变深。

(2) 麻醉果蝇

1) 制备麻醉瓶　用干净培养瓶或与培养瓶口径相同的玻璃瓶并配备相应的软木塞或橡胶塞，在软木塞的下面钉一铁钉，在铁钉上缠一小团棉花。或可在软木塞上打一小孔,塞上一张折叠的吸水纸。或可在橡胶塞上划一切口,夹住一张折叠的吸水纸。

2) 引出果蝇　将有果蝇的培养瓶用手轻拍,使果蝇振落瓶底,迅速拔去棉塞,将麻醉瓶与培养瓶的两口相对,培养瓶在下、麻醉瓶在上并朝向灯光处,双手遮住培养瓶,利用果蝇的趋光性和向上性,将果蝇引入麻醉瓶。

3) 麻醉　在麻醉瓶瓶塞的棉球或吸水纸上滴加 1～2 滴乙醚或氯仿,迅速塞入麻醉瓶口,0.5～1 min大部分果蝇即被麻醉落入瓶底,摇动麻醉瓶,全部果蝇振落瓶底,之后立即将果蝇倒在白瓷板或玻璃板上,用毛笔小心拨动观察。如果用于杂交,翅膀外展的果蝇不能使用。

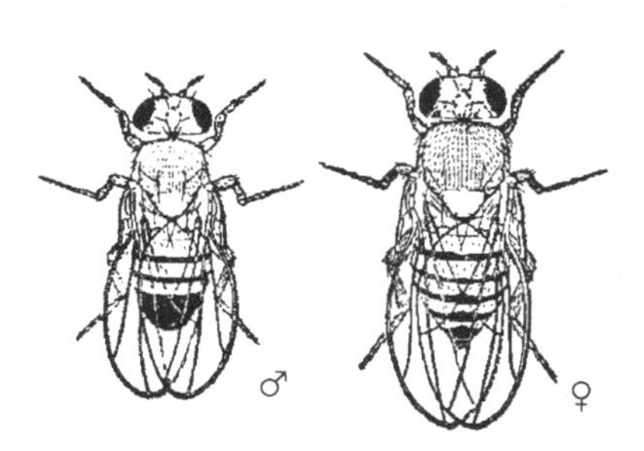

图 2-3　雌、雄果蝇背面观

(引自梁彦生等,1989)

(3) 辨认果蝇成虫雌雄个体:正确而迅速地辨认果蝇性别,是果蝇杂交中选择处女蝇的关键。较老化的雌雄成蝇区别很明显,可以用放大镜、解剖镜或肉眼直接观察。刚刚羽化出来的果蝇不易区别,可在体视显微镜下观察区分。雌雄成蝇的鉴别特征见图 2-3～图 2-5 和表 2-1。

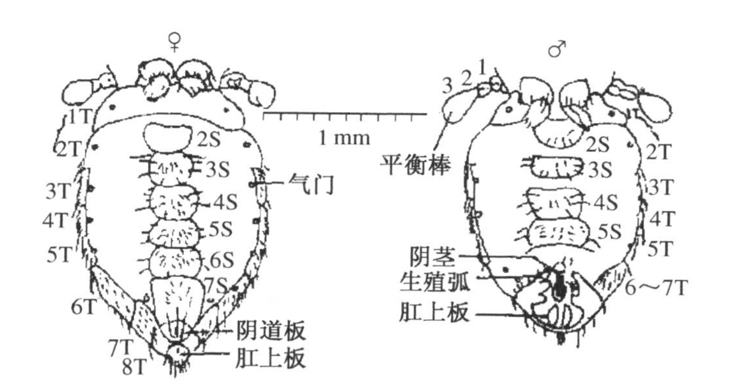

图 2-4　雌、雄果蝇腹部腹面观

(引自梁彦生等,1989)

1T～8T. 腹部背面环纹　2S～7S. 腹部腹板

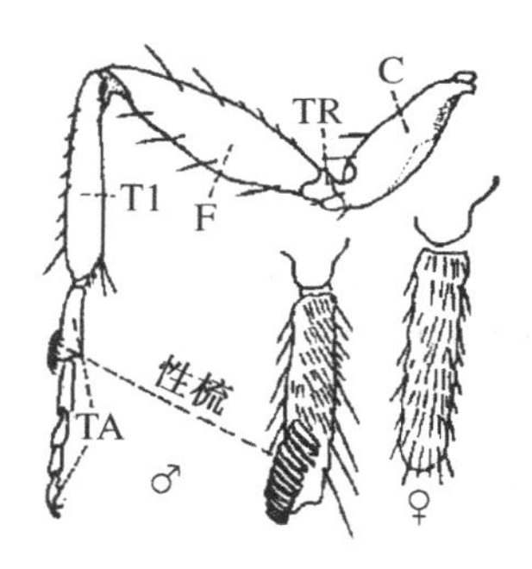

图 2-5　雄果蝇右前足上的性梳

(引自梁彦生等,1989)

C. 基节　TR. 转节　F. 腿节

T1 胫节　TA. 跗节

表 2-1　果蝇成虫、雌雄特征比较表

	雌　果　蝇	雄　果　蝇
体　　型	大 末端尖	小 末端钝
腹　　部	背面:环纹 5 节,无黑斑 腹面:腹片 7 节	背面:环纹 7 节、延续到末端呈黑斑 腹面:腹片 5 节
第一对足	跗节基部无性梳	跗节基部有黑色鬃毛状性梳

(4) 果蝇常见突变类型的观察:野生型果蝇为灰体、长翅、红眼、直刚毛,常见的突变性状见表 2-2。

表 2-2　果蝇常见突变类型

突变名称	基因符号	性状特征	在染色体上座位
白眼(white)	*w*	复眼白色	X1.5
棒眼(bar)	*B*	复眼横条形，小眼数少	X57.0
黑檀体(ebony)	*e*	身体呈乌木色，黑亮	ⅢR70.7
黑体(black)	*b*	体黑色，比黑檀体深	ⅡL48.5
黄体(yellow)	*y*	全身呈浅橙黄色	X0.0
残翅(vestigial)	*vg*	翅明显退化，部分残留，不能飞	ⅡR67.0
焦刚毛(singed)	sn^3	刚毛卷曲如烧焦状	X21.0

(5) 果蝇原种保存

为了保证果蝇杂交实验材料的充分供应，必须保存一定数量和种类的果蝇原种。

1) 原种要纯，每次转移培养基都要严格检查有无混杂，如发现同一原种群体内有其他类型，应立即丢弃，以保证群体的纯度。

2) 每隔 2～3 周换一次新鲜的培养基，每瓶 4～8 对，每一原种至少保留两套，并注明类型和转移日期。

3) 平时保存可在生化培养箱内或恒温培养箱内进行，温度调至 15～18℃。扩大培养和实验时将温度调至 20～25℃，以便加快生长繁殖。夏季高温时，最好用可制冷的生化培养箱保存原种。

(6) 果蝇培养基的配制：实验室内最常用的是玉米-糖-琼脂培养基(表 2-3)。

表 2-3　果蝇培养基成分表

配方	水/mL	琼脂/g	蔗糖(或白砂糖)/g	玉米粉/g	丙酸/mL	酵母粉(或鲜酵母)/g
①	80	1.5	13	10	0.5	0.5
②	100	1	10	10	0.5	0.5

配方①可用于培养杂交果蝇，因培养基较干稠，可避免黏着果蝇。配方②可用于原种保存，因培养基较稀，可延长培养时间。两种培养基也可都用苯甲酸而不用丙酸。

1) 按配方称量好各种成分。

2) 用 2/3 的水把琼脂调匀，加热熔化，再把蔗糖(或白砂糖)加入溶解，用剩余的 1/3 水把玉米粉调成糊状，倒入上液中，不断搅拌，继续煮沸至黏稠均匀为止，最后倒入丙酸搅匀后，将培养基倒入干净的培养瓶(可用小广口瓶、三角瓶、粗试管、牛奶瓶等)，培养基厚度以 1.5～2 cm 为宜，最后用纱布包扎的棉塞塞好瓶口，冷却凝固。

3) 用前 1～2 d，在培养基表面撒少量干酵母粉，或用玻璃棒接种鲜酵母悬液，25℃左右培养 2 d，使培养基发酵，另将一张无菌的折叠滤纸片放入瓶内，以利果蝇产卵和停歇。

2. 果蝇的单因子杂交实验

(1) 选择处女蝇：将长翅果蝇和残翅果蝇培养瓶内已羽化的成蝇全部杀死，此后凡羽化后未超过 8 h 的雌蝇即处女蝇。例如，可于上午 6 时处死已羽化成蝇，下午 2 时采集第一次处女蝇，晚上 10 时第二次采集，次日上午 6 时采集第三次。

(2) 杂交：正交：长翅果蝇♀×残翅果蝇♂。反交：残翅果蝇♀×长翅果蝇♂。正交与反交各做两瓶，每瓶新培养基中各移入 3～5 对种蝇。贴好标签，注明杂交组合、杂交日期及实验者姓名。

(3) 移去亲本：7～8 d后移去亲本。

(4) 观察 F_1：4～5 d后 F_1 成虫出现，观察其翅膀形态后处死。连续观察记录3 d，各自记录正、反交(表2-4)。

表2-4 F_1、F_2观察结果记录表

观察结果统计日期	正交		反交	
	长翅数	残翅数	长翅数	残翅数
月　日				
合　计				

(5) F_1 互交：在新培养瓶内，每瓶各放入3～5对 F_1 果蝇(无需处女蝇)，培养。

(6) 移去 F_1：7～8 d后，移去 F_1 成蝇，麻醉致死，放入废蝇盛留瓶。

(7) 观察 F_2：4～5 d后，F_2 成蝇出现，观察翅膀形态后处死，隔天记录一次，连续观察统计4次正、反交的结果并记录(表2-4)。

(8) 数据处理及 χ^2 测验

$$\chi^2 = \sum \frac{(O-E)^2}{E}$$

式中，O 是观察值；E 是预期值。

根据 χ^2 值和自由度($df = 1$)，查表，若 $P \geqslant 5\%$，说明观察值与理论值相符合，也就是说，可以认为观察值是符合分离定律的(表2-5)。

表2-5 χ^2 测验结果统计表(正、反交合并统计)

	长　翅	残　翅	合　计
观察值(O)			
预期值(E)(3∶1)			
$(O-E)^2/E$			

【实验报告】

1. 如何区分果蝇成蝇的雌、雄个体？
2. 统计分析果蝇单因子实验结果，并用 χ^2 测验验证实验结果是否与分离定律相符。
3. 果蝇杂交时，为什么要选择处女蝇？
4. 在做杂交时会出现表型分离比不符合3∶1的比例，为什么？
5. 果蝇麻醉时的注意事项有哪些？
6. 在进行亲本杂交和 F_1 自交后一定时间为什么要倒去杂交亲本？
7. 根据你的实验结果记录，对所做杂交过程作一遗传分析，对所研究的性状及基因可得出哪些结论？(提示：首先判断是染色体遗传还是核外遗传，再判定是否是伴性遗传，然后确定是显性还是隐性遗传。)

(姚志刚　刘　梅)

实验3 果蝇的伴性遗传

【实验目的】

1. 了解伴性基因、非伴性基因在遗传方式上的区别，验证并加深理解伴性遗传规律。

2. 观察伴性性状在正、反交时后代表现的差别。

【实验原理】

位于性染色体上的基因称为伴性基因，其遗传方式与位于常染色体上的基因有一定差别，它在亲代与子代之间的传递方式与雌雄性别有关。伴性基因的这种遗传方式就称为伴性遗传。

果蝇的性别决定类型是XY型，具有X和Y两种性染色体，雌性是XX，为同配性别；雄性是XY，为异配性别。伴性基因主要位于X染色体上，而Y染色体上基本没有相应的等位基因。所以这类遗传也称为X连锁遗传。

控制果蝇红眼和白眼性状的基因位于X染色体上，在Y染色体上没有相应的等位基因，它们随着X染色体而传给下一代。如以纯合红眼雌蝇和纯合白眼雄蝇杂交，子代均为红眼，F_2 中雌蝇均为红眼，雄蝇中半数为红眼，半数为白眼。以纯合白眼雌蝇与纯合红眼雄蝇杂交，F_1 雌蝇均为红眼，雄蝇均为白眼，F_2 中无论雌蝇和雄蝇均有半数为红眼，半数为白眼(图3-1)。正、反交结果不同，这是伴性遗传的典型特点。

若A为正交，B就是A的反交。由图3-1所示遗传过程可见，正交和反交后代性状表现是不一样的，从B组合可见 F_1 的雌雄性状表现不一样，而常染色体性状遗传正、反交所得子代雌雄性状表现相同(参阅实验4)。所以，正、反交后代雌雄性状表现是区分伴性遗传和常染色体遗传的一个重要特征。另外，从染色体的传递可以看出，子代雄性个体的X染色体均来自母体，而父体的X染色体总传递给子代雌性个体，X染色体的这种遗传方式称为交叉遗传。由此，X染色体上的基因亦以这种方式传递。这是伴性遗传的又一特征。

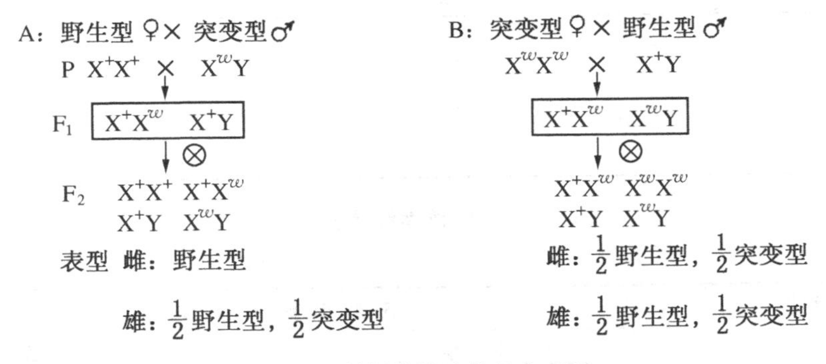

图3-1 果蝇伴性遗传的杂交图

在进行伴性遗传实验时也会出现例外个体，即在B杂交组合，F_1 中出现不应该出现的雌性白眼，这是由于两条X染色体不分离造成的。这种情况极为罕见，可能几千个个体中有一个。不分离现象如图3-2所示。

【材料与用品】

1. 材料

黑腹果蝇品系:野生型(红眼)(X^+X^+、X^+Y)、突变型(白眼)(X^wX^w、X^wY),白眼基因座位在X染色体上。

2. 用具及药品

同实验2。

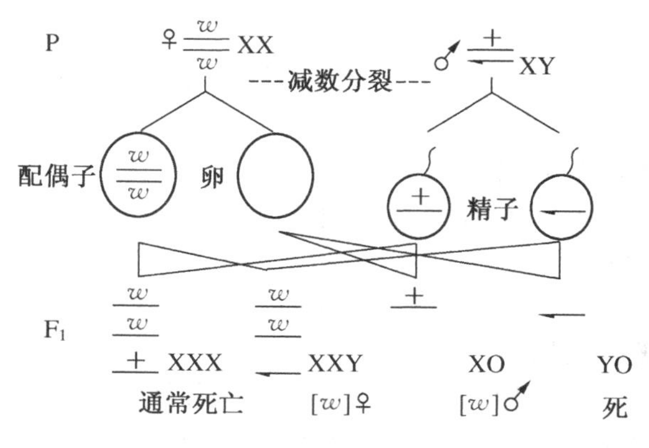

图3-2 果蝇的不分离现象

(引自刘祖洞和江绍慧,1987)

【实验步骤】

1. 选择处女蝇

选取纯合红眼处女蝇(野生型)和纯合白眼处女蝇(突变型),分别放于含新鲜培养基的培养瓶内饲养备用。

2. 杂交

将处女蝇和雄蝇分别麻醉,选取红眼处女蝇和白眼雄蝇(各3~5只)放于同一培养瓶内,作为正交实验。另选取白眼处女蝇和红眼雄蝇(各3~5只)放于另一培养瓶内,作为反交实验。写明标签(注明杂交组合、杂交日期及实验者姓名),放在20~25℃的培养箱内培养。第二天观察果蝇的存活情况,如有死亡,应及时补充。

3. 移去亲本果蝇

7~8 d后移去杂交瓶内的亲代果蝇,核对亲本性状。

4. 观察F_1

待F_1成蝇出现并达一定数量后,将F_1果蝇引出麻醉,观察记录F_1性状,检查是否与预期性状相一致,填入表3-1和表3-2中。

表3-1 F_1观察统计表(正交)

杂交组合:________ 实验者:________

观察结果 / 统计日期	各类果蝇的数目	
	红眼雌	红眼雄

表3-2 F_1观察统计表(反交)

杂交组合:________ 实验者:________

观察结果 / 统计日期	各类果蝇的数目	
	红眼雌	红眼雄

5. F_1 自群繁殖

选取正、反交组合的 F_1 各5或6对，分别放入另一新培养瓶内。

6. 移去 F_1 果蝇

7～8 d后，移去 F_1 果蝇继续培养。

7. F_2 果蝇观察与记录

待 F_2 成蝇出现后，每隔1 d引出麻醉1次，观察记录其性状，连续统计4或5次，并且每次要分别统计雌、雄个体数目，将统计数字列入表3-3和表3-4中。

表3-3　F_2 观察统计表(正交)　　实验者：________

观察结果 / 统计日期	各类果蝇的数目			
	红眼雌	白眼雌	红眼雄	白眼雄
合计				
百分比				
预期值(E)(1∶1∶1∶1)				
$(O-E)^2/E$				

表3-4　F_2 观察统计表(反交)　　实验者：________

观察结果 / 统计日期	各类果蝇的数目			
	红眼雌	白眼雌	红眼雄	白眼雄
合计				
百分比				
预期值(E)(1∶1∶1∶1)				
$(O-E)^2/E$				

8. χ^2 测验

利用公式 $\chi^2=\sum\frac{(O-E)^2}{E}$ 计算 χ^2 值，根据 χ^2 值和自由度(df=3)，查 χ^2 表。若 $P\geqslant 5\%$，说明观察值与理论值相符合。对这个实验来说，意味着实验结果应该是符合伴性遗传规律的，也就是说，眼色的这对性状是由位于性染色体(X染色体)上的一对等位基因控制的。

【实验报告】

1. 统计实验结果，进行 χ^2 测验，验证实验结果是否符合伴性遗传规律。
2. 如何选择处女蝇？
3. 做实验时为什么要做正、反交？
4. 列出一些果蝇的伴性遗传性状。

（姚志刚）

实验 4　果蝇的两对因子的自由组合

【实验目的】

1. 了解果蝇两对相对性状的杂交方法,验证并加深理解遗传的自由组合定律。
2. 记录杂交结果,掌握数据统计处理方法。

【实验原理】

位于非同源染色体上的两对基因,在减数分裂形成配子时可以自由组合;又由于配子的随机结合,导致它们所决定的两对相对性状在杂种第二代是自由组合的。一对基因所决定的性状之比在杂种二代是 3∶1,两对不相互连锁的基因所决定的性状,在杂种二代就呈 9∶3∶3∶1。

果蝇两对因子的自由组合如图 4-1 所示。

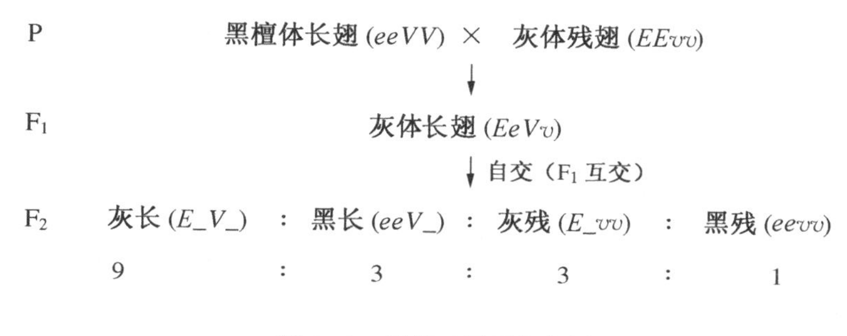

图 4-1　果蝇双因子杂交图

【材料与用品】

1. 材料

黑腹果蝇的野生型:灰体、长翅。突变型:黑檀体(*e*,位于第Ⅲ染色体)、残翅(*vg*,位于第Ⅱ染色体)。

2. 用具及药品

同实验 2。

【实验步骤】

1. 选择处女蝇

将已羽化的成虫全部杀死,此后凡自羽化开始未超过 8 h 的雌蝇即处女蝇。选取野生型(灰体、长翅)处女蝇和突变型(黑檀体、残翅)处女蝇,分别放于含新鲜培养基的培养瓶内保存备用。

2. 杂交

正交:野生型处女蝇♀×黑檀体、残翅雄蝇♂。反交:黑檀体、残翅处女蝇♀×野生型雄蝇♂。各做 2 瓶,每瓶中分别移入 3～5 对种蝇。贴好标签,注明杂交组合、杂交日期及实验者姓名。

3. 移去亲本

7～8 d 后移去亲本果蝇,处死。

4. 观察 F_1

4～5 d 后 F_1 成蝇出现，观察其性状后处死。连续观察并记录正、反交 3 d(表 4－1)。

5. F_1 互交

按原来的正、反交各选 3～5 对 F_1 成蝇(无需处女蝇)，移入新培养瓶中，继续培养。

6. 移去 F_1

7～8 d 后移去 F_1 成蝇。

7. 观察 F_2 及实验结果记录

4～5 d 后 F_2 成蝇出现，观察 F_2 性状后处死，隔天观察记录一次，连续观察统计 4 或 5 次(8～10 d)，正、反交结果各自记录(表 4－1)。

表 4－1 F_1、F_2 观察结果记录表

子代类型 / 统计日期	正交				反交			
	灰 长	黑 长	灰 残	黑 残	灰 长	黑 长	灰 残	黑 残
合 计								

8. 数据处理及 χ^2 测验

计算 χ^2 值(表 4－2)，根据 χ^2 值和自由度 (df = 3)，查 χ^2 表，若 $P \geqslant 5\%$，说明观察值与理论值相符合，也就是说，可以认为观察值是符合自由组合定律的。

表 4－2 χ^2 测验结果统计表

子代类型 / 参 数	灰 长	黑 长	灰 残	黑 残	合 计
观察值(O) 预期值(E) (9∶3∶3∶1) $\frac{(O-E)^2}{E}$					

【实验报告】

1. 统计分析实验结果，并用 χ^2 测验验证实验结果是否与自由组合定律相符。
2. 分析此次实验成败的原因。
3. F_1 代是否要选择处女蝇，为什么？

(姚志刚 刘 梅)

实验 5 三点测验的基因定位方法

【实验目的】

1. 了解利用三点测验法绘制遗传学图的原理和方法。

2. 学习并掌握实验结果的数据统计处理方法。

【实验原理】

位于同一条染色体上的基因一般是随染色体一起传递的，即这些基因是连锁的。同源染色体上的基因之间会发生一定频度的交换，因此其连锁关系发生改变，使子代中出现一定数量的重组型。重组型出现的多少反映出基因间发生交换的频率的高低。基因在染色体上是呈直线排列的，基因间距离越远，其间发生交换的可能性就越大，即交换频率越高，反之则越小，交换频率就越低。也就是说基因间距离与交换频率有一定对应关系。基因图距就是通过重组值的测定而得到的。如果基因座位相距很近，重组率与交换率的值相等，可以直接把重组率的大小作为有关基因间的相对距离，把基因顺序地排列在染色体上，绘制出遗传连锁图。如果基因间相距较远，两个基因间往往发生两次以上的交换，如简单地把重组率看作交换率，那么交换率就会被低估，图距就会偏小。这时需要利用实验数据进行校正，以便正确估计图距。基因在染色体上的相对位置的确定除进行两个基因间的测交外，更常用的是三点测交法，即同时研究三个基因在染色体上的位置。如 m、sn^3、w 三个基因是连锁的(它们都在 X 染色体上)，要测定三个基因的相对位置可以用野生型果蝇(＋＋＋，表示三个相应的野生型基因)与三隐性果蝇(msn^3w，三个突变型基因)杂交，制成三因子杂种msn^3w /＋＋＋，再用三隐性个体对雌性三因子杂种进行测交(图 5－1)，以测出三因子杂种在减数分裂中产生的配子类型和相应数目。由于基因间的交换，除产生亲本类型的 2 种配子外，还有 6 种重组型配子，因而在测交后代中有 8 种不同表型的果蝇出现(图 5－2)，这样，经过数据的统计和处理，一次实验就可以测出 3 个连锁基因的距离和顺序，这种方法就称为三点测交。

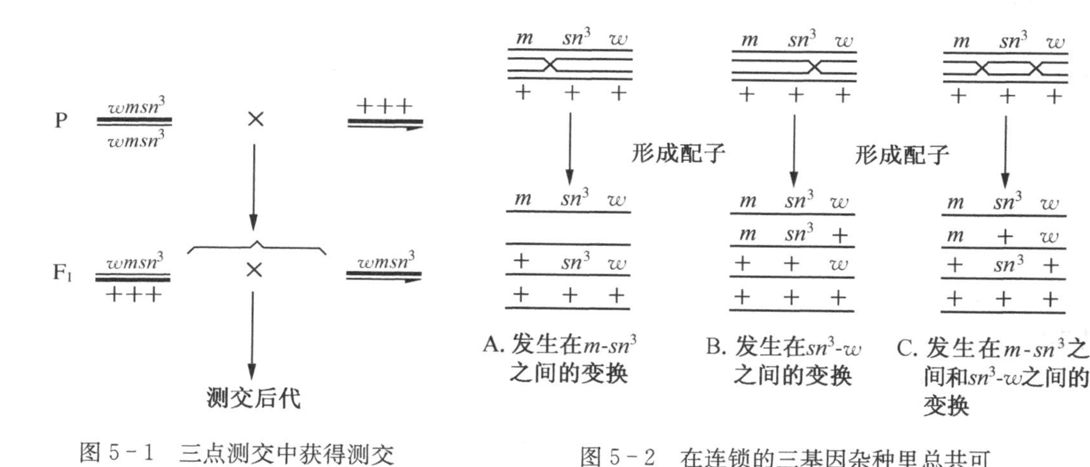

图 5－1　三点测交中获得测交后代的交配方式
(引自刘祖洞和江绍慧，1987)

图 5－2　在连锁的三基因杂种里总共可产生 8 种不同基因型的配子
(引自刘祖洞和江绍慧，1987)

【材料与用品】

1. 材料

黑腹果蝇品系：野生型果蝇(＋＋＋)长翅、直刚毛、红眼。三隐性果蝇(msn^3w)小翅、焦刚毛、白眼。三隐性果蝇(msn^3w)个体的眼睛是白色的(w)；翅膀比野生型的翅膀短些，翅仅长至腹端，称小翅(m)；刚毛是卷曲的，称焦刚毛或卷刚毛(sn^3)。这三个基因都位于

X染色体上，所以也可以在本实验中同时进行伴性遗传的实验观察。

2. 用具及药品

同实验2。

【实验步骤】

1. 选择处女蝇

收集三隐性个体的处女蝇，培养在培养瓶内，每瓶5或6只。

2. 杂交

挑出野生型雄蝇放到处女蝇瓶中杂交，每瓶5或6只。贴好标签，注明杂交组合、日期及实验人姓名，在22～23℃中培养。

3. 移去亲本

7～8 d后移去亲本。

4. 观察 F_1

4～5 d后蛹孵化出子一代成蝇，可以观察到 F_1 雌蝇全是野生型表型，雄蝇都是三隐性。

5. F_1 互交

每瓶培养基移入 F_1 成虫5～8对(无需处女蝇)，每组两瓶，贴好标签，注明杂交组合、日期及实验人姓名。在20～25℃培养。

6. 移去 F_1

7～8 d后蛹出现，移去 F_1。

7. 观察 F_2

4～5 d后 F_2 成蝇出现，开始观察。把 F_2 果蝇倒出麻醉，放在白瓷板上，用体视显微镜观察眼色、翅形、刚毛。各类果蝇分别计数。检查过的果蝇处死倒掉。隔天检查记录一次，连续观察统计4或5次(8～10 d)。要求至少统计200只果蝇。

8. 实验结果与数据处理

(1) 统计观察数　先写出所得到的 F_2 8种表型，填上观察数，并计算总数(表5-1)。

表5-1　F_2 观察结果记录表

统计日期	F_2 类型							
合　计								
基因是否重组								

(2) 填写“基因是否重组”一行　因为测交亲本是三隐性的，所以若基因间有交换，便可在表型上显示出来。因而从测交后代的表型便可推知某两个基因之间是否发生了重组。

(3) 计算基因间的重组值。

【实验报告】

1. 统计实验结果,并绘出遗传学图和计算并发率、干涉。

2. 三点测交有什么优点?

3. 如果进行常染色体基因三点测交,在实验程序设计上与本实验有什么差别?需要注意什么?

(姚志刚)

第二章 细胞遗传学

实验6 果蝇唾腺染色体标本的制备与观察

【实验目的】

1. 练习分离果蝇幼虫唾腺的技术，学习唾腺染色体的制片方法。
2. 观察果蝇唾腺染色体的结构特点。
3. 了解果蝇唾腺染色体在遗传学研究中的意义。

【实验原理】

20世纪初，Kostoff用压片法首先在*D. melanogaster*果蝇幼虫的唾腺细胞核中发现了特别巨大的染色体——唾腺染色体(salivary gland chromosome)。事实上，双翅目昆虫(如摇蚊、果蝇等)在幼虫期都具有很大的唾腺细胞，其中的染色体就是巨大的唾腺染色体。这些巨大的唾腺染色体具有许多重要特征，为遗传学研究的许多方面(如染色体结构、化学组成、基因差别表达等)提供了独特的研究材料。

双翅目昆虫的整个消化道细胞发育到一定阶段之后就不再进行有丝分裂，而停止在分裂间期。但随着幼虫整体器官及这些细胞本身体积的增大，细胞核中的染色体，尤其是唾腺染色体仍不断地进行自我复制而不分开，经过许多次的复制形成1000～4000拷贝的染色体丝，合起来达5 μm宽、400 μm长，比普通中期分裂相染色体大得多(100～150倍)，所以又称为多线染色体(polytene chromosome)和巨大染色体(giant chromosome)。

唾腺染色体形成的最初，其同源染色体即处于紧密配对状态，称为体细胞联会。在以后不断的复制中仍不分开，由此成千上万条核蛋白纤维丝合在一起，紧密盘绕。所以配对的染色体只呈现单倍数。黑腹果蝇的染色体数为$2n=2\times4$，其中第Ⅱ、第Ⅲ染色体为中部着丝粒染色体，第Ⅳ和第Ⅰ(X染色体)染色体为端着丝粒染色体(图6-1)。而唾腺染色体形成时，染色体着丝粒和近着丝粒的异染色质区聚于一起形成一染色中心(chromocenter)，所以在光学显微镜下可见从染色中心处伸出6条配对的染色体臂，其中5条为长臂，1条为紧靠染色中心的很短的臂(图6-2)。

由于唾腺细胞在果蝇幼虫时期一直处于细胞分裂的间期状态，每条核蛋白纤维丝都处于伸展状态，因而不同于一般有丝分裂中期高度螺旋化的染色体。唾腺染色体经染色后，呈现深浅不同、疏密各异的横纹(band)。这些横纹的数目、位置、宽窄及排列顺序都具有种的特异性。研究认为，这些横纹与染色体的基因是有一定关系的。从其横纹分布特征可对物种的进化特征进行比较分析，而一旦染色体上发生了缺失、重复、倒位、易位等，也可较容易地在唾腺染色体上观察识别出来。可见唾腺染色体技术是遗传学研究中一项

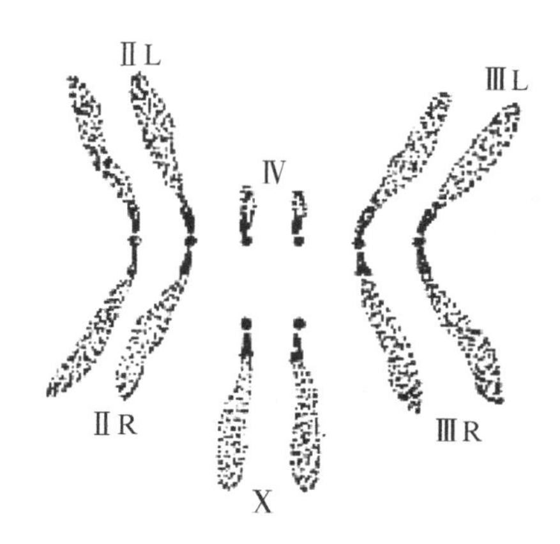

图 6-1　果蝇唾腺染色体核型图

(引自刘祖洞和江绍慧，1987)

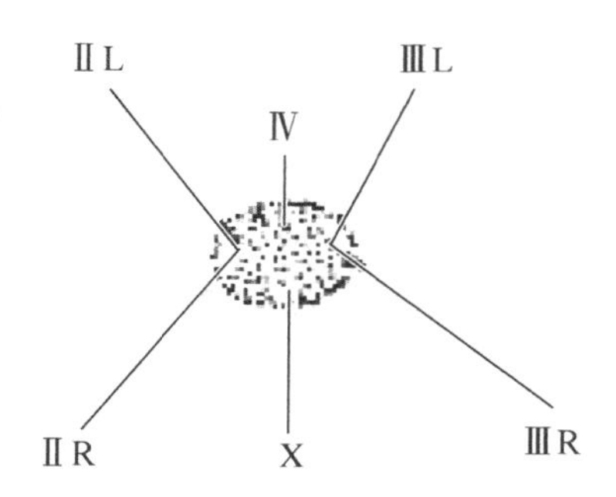

图 6-2　果蝇唾腺染色体模式核型

(引自刘祖洞和江绍慧，1987)

基本的技术。唾腺染色体上的横纹宽窄、浓淡是一定的，但在果蝇的特定发育时期会出现不连续的膨胀，称为疏松区(puff)。目前人们认为这是这部分基因被激活的标志。

唾腺染色体的特征：① 染色体巨大，远远超过一般体细胞染色体大小；② 唾腺细胞始终处于分裂的前中期状态，且同源染色体配对在一起，故观察到的唾腺染色体数为n；③ 各条唾腺染色体上具有异染色质的着丝粒部分相互靠拢，形成染色中心；④ 由于DNA螺旋化程度不同，唾腺染色体上的横纹表现为深浅不同、疏密相间，是基因所在的位置。

【材料与用品】

1. 材料

普通果蝇中野生型或任何突变型的三龄幼虫活体。

2. 用具及药品

(1) 用具：显微镜、双筒解剖镜、解剖针、镊子、载玻片、盖玻片、吸水纸、酒精灯、铅笔等。

(2) 药品及试剂：改良苯酚品红或醋酸洋红、生理盐水(0.85%NaCl)、1 mol/L HCl、蒸馏水、45%乙酸。

【实验步骤】

1. 幼虫的培养

对用来观察唾腺染色体的果蝇幼虫，要给予较好的培养条件。培养瓶内幼虫不应过多，最好每隔 2 d 将羽化的新蝇移出一次，以免瓶内产生过多的卵。此外，应放在较低的温度下培养(15～17℃较好)，长成的幼虫亦较大。唾腺应取自充分发育的三龄幼虫，在其化蛹之前常爬到培养基外，或附在瓶壁上，可及时选用。

2. 唾腺的剖取

选取发育良好的果蝇三龄幼虫(图 6-3)放于载玻片上，加 1 滴生理盐水，如幼虫身体上有培养基，可用生理盐水洗一次。然后将载玻片放于解剖镜下，两手各持一只解剖针，用一只压住幼虫末端的1/3 处，另一只按住头部黑点处(口器)，用力向前拉，不要停留和挪动针头，把头部自身体拉开，这时可以看见一对透明微白的长形小囊，即唾腺。唾腺两侧常带有脂肪体，可用针小心剔除。如头部拉开后不见唾腺，可用解剖针小心在虫体头部

拨动寻找。

3. 解离

将剖离的腺体用解剖针头挑至加有 1 滴 1 mol/L HCl 的载玻片上，解离 2 min，用吸水纸小心吸去 HCl，加 1～2 滴蒸馏水冲洗，再用吸水纸吸去水分。

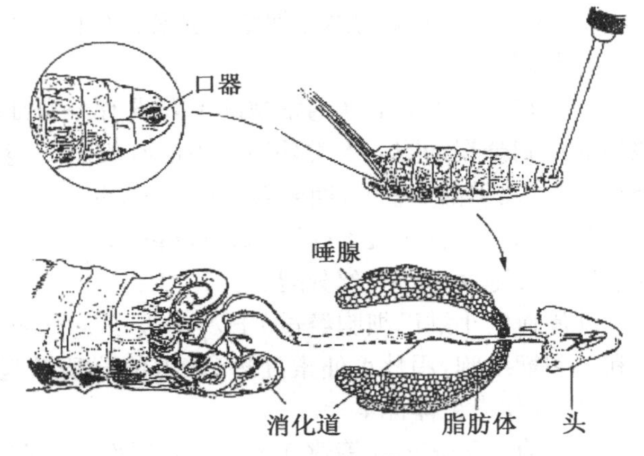

图 6－3　果蝇唾腺的分离操作示意图

（引自傅焕延等，1987）

4. 染色压片

将解离好的唾腺（也可不经解离直接染色）上加 1 滴改良苯酚品红染液，染色 10～20 min。用吸水纸吸去染液，加 1 滴 45％的乙酸，上覆以盖玻片，酒精灯上稍微加热，一手按住盖玻片勿动，一手用铅笔头轻敲盖玻片几下，然后隔吸水纸用拇指压片，使染色体展平，吸去多余染液。

5. 观察

先在低倍镜下观察，寻找染色体分散好的图像，可以看到由一个染色中心伸展出 5 条弯曲的染色体臂（X、ⅡL、ⅡR、ⅢL、ⅢR）和一个点状的第Ⅳ染色体（图 6－4）。第Ⅰ对染色体为性染色体，组成一个臂。第Ⅱ和第Ⅲ染色体各自组成了具有两臂的染色体对，它们的着丝区都聚集在染色中心。第Ⅳ染色体较小，因而在染色中心处只看到一个点状物。然后换高倍镜观察染色体上的横向带纹，对照模式照片可以辨认出染色体的个体性。

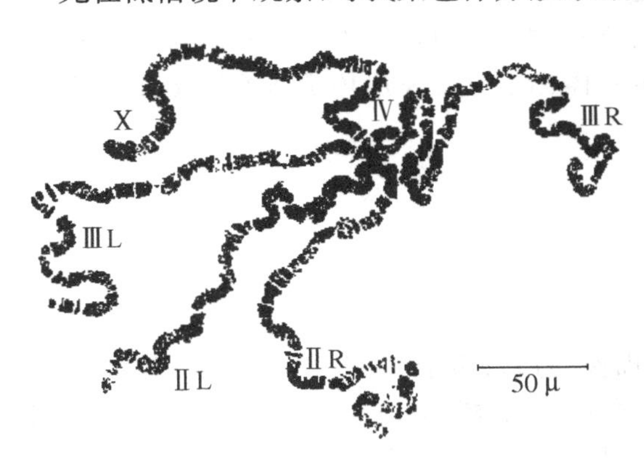

图 6－4　果蝇唾腺染色体图

（引自梁彦生等，1989）

6. 永久制片

选取较好的临时压片，制成永久封片。

【实验报告】

1. 绘制所观察的分散较好的唾腺染色体图像。
2. 果蝇唾腺染色体在遗传学上有哪些应用？

（姚志刚　冯　磊）

实验 7　（人类与两栖类）外周血淋巴细胞的培养和染色体标本制作

【实验目的】

1. 学习人类外周血淋巴细胞的悬浮培养方法和人类染色体的标本制备方法。

2. 探索两栖类动物淋巴细胞培养及染色体标本制备方法。

【实验原理】

哺乳动物的外周血在通常情况下是没有分裂细胞的,低等动物(如两栖类)外周血中偶尔能见到分裂细胞。人类外周血中的红细胞不能在体外进行培养,小淋巴细胞可以体外存活,但几乎都处在G_1期或G_0期。1960 年 Nowell 发现,采用人工离体培养的方法,在培养基中加入植物血凝素(phytohemagglutinin, PHA),可以使外周血中小淋巴细胞转化为淋巴母细胞而进行有丝分裂。

外周血的小淋巴细胞经过 PHA 刺激,经过短期培养后,可以获得足够的体外生长群体和分裂期细胞,用秋水仙素处理后,可使分裂细胞停止于分裂中期而没有纺锤丝的牵引,可以制作染色体标本。

1960 年 Moorhead 等建立了人类外周血白细胞培养技术,方法是将人类的外周血离心,分离血浆,将白细胞放在加入了 PHA 的人工培养基中进行培养,使它们在离体条件下进行分裂。这一方法比较完善,但是采血量较大,操作较繁琐。后来发展了许多改进的方法,其中微量全血培养技术被广泛采用。这一方法不但采血量少,而且省去了一些离心、分离血浆等操作过程,操作简便化。从染色体标本制备的角度看,由于在不伤害供血者的情况下取材,或可在同一个体内连续地对比取材,以观察药物或环境因素对人类或动物的影响,以及染色体的动态变化,而且能在短时期内获得大量分裂相,制备出清晰的染色体标本,因此采用微量全血培养法制备染色体标本不论在遗传学研究还是在医学临床染色体诊断上,都有广泛的应用。

【材料与用品】

1. 材料

人类外周血,蟾蜍或青蛙血液。

2. 用具及药品

(1) 用具:2 mL 无菌注射器、采血针、棉签、剪刀、镊子、离心管、移液器(移液管)、试管架、量筒、10 mL 离心管(EP 管)、试剂瓶、酒精灯、烧杯、载玻片、切片盒、精密 pH 试纸、记录本、分析天平、离心机、恒温培养箱(电热隔水式)、干燥箱(50～300℃)、超净工作台、普通冰箱、恒温水浴、高压灭菌锅、赛氏滤器。

(2) 药品:RPMI - 1640、小牛血清、肝素、PHA、双抗(青霉素+链霉素)、2%碘酒、75%乙醇、10 μg/mL 秋水仙素、氯化钾、甲醇、冰醋酸、5%碳酸氢钠、氯化钠、0.075 mol/L KCl、吉姆萨(Giemsa)染色液。

【实验步骤】

1. 器皿的清洗和消毒

动物细胞体外培养要求培养器皿非常洁净。玻璃器皿在使用前,均用肥皂水洗刷,清水冲净,烘干后浸泡在洗液中至少 2 h,再用流水冲洗,最后用蒸馏水、双蒸水各冲洗 3 遍,在烘箱中烤干,包扎,120℃高压灭菌 20 min。

隔离衣、口罩、橡皮塞等也用 120℃高压灭菌 15 min。

2. 药剂准备

(1) RPMI - 1640 培养基:称取 RPMI - 1640 粉末 10.5 g,用 1000 mL 的双蒸水溶解,如溶液出现混浊或难以溶解时,可用干冰或CO_2气体处理,在 pH 降至 6.0 时,则可溶

解而透明，呈橘红色。每1000 mL溶液加$NaHCO_3$ 1.0～1.2 g，以干冰或CO_2气体校正pH至7.0～7.2。立即以G5或G6细菌漏斗过滤灭菌，分装待用。

(2) 小牛血清：用赛氏滤器过滤除菌。

(3) PHA：这是淋巴细胞有丝分裂刺激剂。市售每安瓿10 mg，配成2 mg/mL溶液。

(4) 肝素：作为抗凝剂使用。称取粉末160 mg(1 mg含125单位)，用40 mL的生理盐水溶解，此溶液的浓度为500单位/mL。115℃高压灭菌15 min。

(5) 抗生素

1) 青霉素(以每瓶40万单位为例) 以4 mL生理盐水(或培养基)稀释，则1 mL含10万单位。取1 mL加入100 mL培养基中，则最终浓度为100单位/mL。

2) 链霉素(以每瓶50万单位为例) 以2 mL生理盐水(或培养基)稀释，则1 mL含25万单位。取0.4 mL(含10万单位)加入1000 mL培养基中，则1 mL含100单位(即100 μg，100万单位=1 g)。

(6) 秋水仙素：能抑制细胞分裂时纺锤体形成，使细胞分裂停留在中期。称取秋水仙素4 mg，用100 mL生理盐水溶解，用G6细菌漏斗过滤，然后放入冰箱4℃保存。使用时用1 mL注射器吸取该溶液0.05～0.1 mL加入5 mL的培养基中，其最终浓度为0.4～0.8 mg/mL。

(7) 吉姆萨染色液：取Giemsa粉末1 g放于研钵中，加入10 mL甘油，室温下研磨至无颗粒为止，再将56 mL甘油加入研钵中，放入56℃温箱中保温2 h，然后加入66 mL甲醇，搅匀后作为原液保存于棕色瓶中，可长期保存。

使用时加入磷酸缓冲液(母液的9倍)混匀即可。

3. 培养液的分装

在无菌条件下，用移液管(移液器)将培养液和其他各试剂进行混合，培养液的各组分含量为：培养液(RPMI-1640)4 mL、小牛血清1 mL、PHA 0.2 mL、肝素0.05 mL、双抗(青霉素+链霉素，在培养液中最终浓度各为100单位/mL)。用3.5% $NaHCO_3$调pH到7.2～7.4。然后分装到10 mL的EP管中，每管含有培养基5 mL，盖好管盖待用或置于0℃条件下保藏。用前从冰箱内取出，放入37℃恒温锅中温育10 min。

4. 采血

用2 mL灭菌注射器吸取肝素(500单位/mL)0.05 mL湿润管壁。用碘酒和乙醇消毒皮肤，自肘静脉采血约0.3 mL，在超净工作台中，注入含培养基的离心管内接种，轻轻摇动几次，直立置(37±0.5)℃恒温箱内培养。

5. 培养

置37℃温箱内培养66～72 h(图7-1)。

6. 秋水仙素处理

培养终止前在培养物中加入浓度为40 μg/mL的秋水仙素0.05～0.1 mL，最终浓度为0.4～0.8 μg/mL，置温箱中处理2～4 h。

7. 低渗处理

溶液、秋水仙素处理完毕，小心地从温箱取出离心管，离心1000 r/min，5 min，弃上清液，然后加入5 mL温育的低渗液0.075 mol/L KCl，用滴管轻轻冲打成细胞悬液，置37℃温箱内处理15 min，使红细胞破碎，白细胞膨胀。

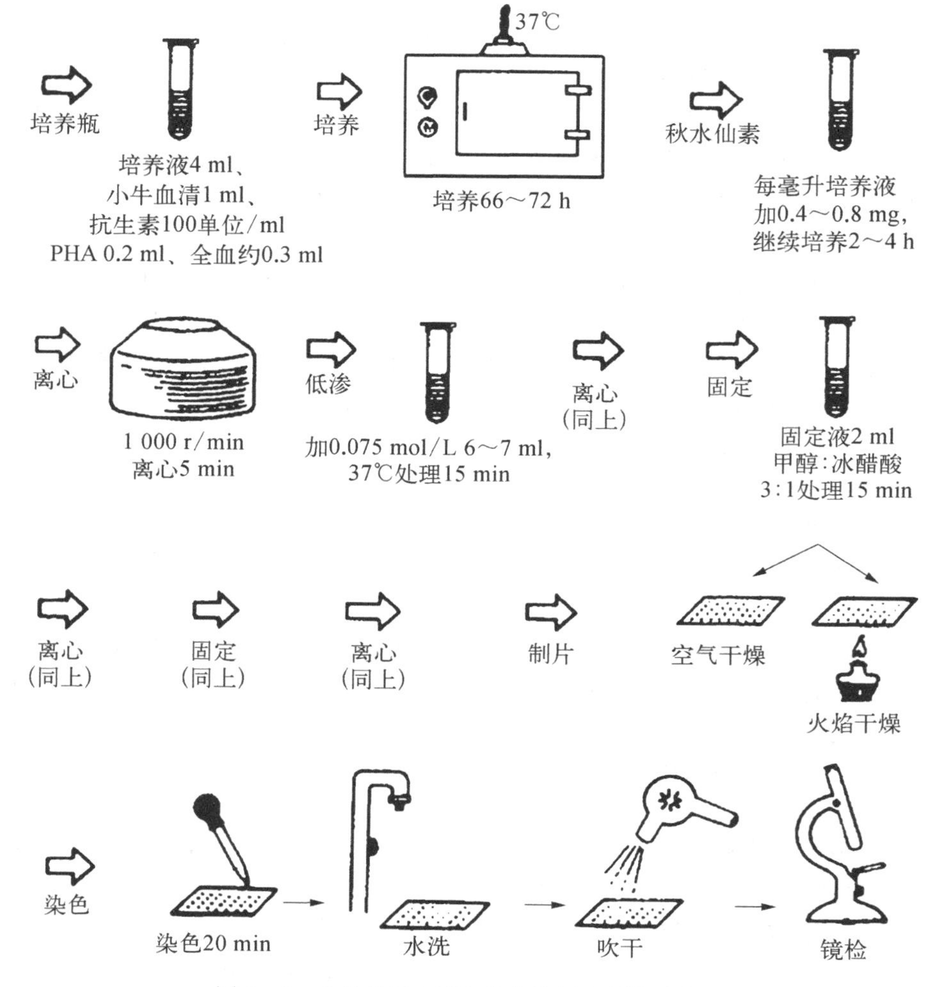

图 7-1 人类外周血液与染色体标本制作示意图
(仿刘祖洞和江绍慧,1987)

8. 固定

(1) 预固定　在低渗 10 min 后,可加 1～2 mL 固定液进行预固定,以防止离心时细胞结团。

(2) 离心　1000 r/min,5 min,弃上清液,收集白细胞。

(3) 固定　固定液为甲醇∶冰醋酸＝3∶1。每只离心管中,加入固定液 2～4 mL,片刻后用滴管轻轻冲打成细胞悬液,在室温中固定 15 min 后,离心,吸去上清液,留下白细胞。

(4) 再固定　加入固定液 2 mL,用吸管轻轻打散,室温下继续固定 15 min,离心,除去上清液,留下白细胞。

(5) 第三次固定、离心　操作同上。

9. 滴片

向上述离心管中滴入固定液 0.5 mL,用滴管小心冲打成悬液,从冰箱的冰格中或冰水中取出载玻片，每片滴加细胞悬液1～3滴，用嘴轻轻吹散，用电吹风吹干，或自然干燥备用。

10. 染色

用磷酸缓冲液(pH 7.4)稀释后的吉姆萨染色液扣染20 min，然后倒去染液，用蒸馏水轻轻冲洗。待稍干后，在显微镜下检查。

11. 镜检

在低倍和高倍镜下，观察制片中分裂相的多少和染色体制片的质量，寻找分散适宜、不重叠、收缩适中、染色体不过度分开、形态清晰的分裂相。然后在油镜下仔细观察染色体的数目和形态。注意区分观察男性和女性的正常染色体制片。也可显微拍照后对照片进行观察。

选择一有代表性的分裂相进行显微摄影以供做核型等进一步的分析。

【注意事项】

1. 接种的血样越新鲜越好，最好是在采血后24 h内进行培养。如果不能立刻培养，应置于4℃存放，避免保存时间过久，会影响细胞的活力。

2. 培养中成败的关键，除了至为重要的PHA的效价外，培养的温度和培养液的酸碱度也十分重要。人类外周血淋巴细胞培养最适温度为(37±0.5)℃。培养液的最适pH为7.2～7.4。

3. 培养过程中如发现血样凝集，可将离心管轻轻振荡，使凝块散开，继续放回37℃恒温箱内培养。

4. 用两栖类动物淋巴细胞培养时，培养基除RPMI－1640外，还应补充一定量的水解乳蛋白，培养基的pH为7.0～7.2，培养温度为26℃。

5. 制片的关键在于低渗处理，应保证低渗液处理时的浓度，使细胞吸胀而不破裂。

【实验报告】

1. 培养基中各种成分的作用如何？

2. 总结一下微量全血培养过程的要点，有哪些方面需要特别注意？

(邱奉同　秦　桢)

实验8　染色体组型分析

【实验目的】

1. 学习染色体组型分析方法，掌握染色体组型分析的各种数据指标。

2. 进一步了解染色体形态特征，以及染色体组型、染色体数目、结构变异与生物进化的关系。

3. 了解染色体组型分析的意义，为细胞遗传学、遗传育种学等研究奠定基础。

【实验原理】

各种生物染色体的形态结构和数目都相对恒定，具有种的特异性。每一物种细胞内特定的染色体数目及形态特征称为该物种的染色体组型或核型(karyotype)。

通过对染色体玻片标本和染色体照片进行对比分析、染色体分组，并对组内各染色体的长度、着丝粒的位置、臂比和随体的有无等形态特征进行观测和描述，从而阐明生物的染色体组成，确定其染色体组型的过程，就是染色体组型分析，也称核型分析(karyotype analysis)。

染色体组型分析有助于探明染色体组的演化和生物种属间的亲缘关系，是细胞遗传学、现代分类学、生物进化、遗传育种学及人类染色体疾病临床诊断等研究的重要手段。

染色体组型分析一般采用分散良好、形态清楚而典型的有丝分裂中期的染色体标本，少数物种也可以利用性母细胞减数分裂期的染色体标本。

【材料与用品】

1. 材料

蚕豆(*Vicia faba*，$2n=12$)、洋葱(*Alliums cepa*，$2n=16$)、大麦(*Hordeum vulgare*，$2n=14$)、黄麻(*Tiliaceae corchorus*，$2n=14$)、芍药(*Paeonia eactiflora*，$2n=10$)。

2. 用具及药品

(1) 用具：显微镜、显微照相和冲洗放大的全套设备、目镜测微尺、镜台测微尺、计算器、透明直尺、剪刀、镊子、直尺、圆规、铅笔、坐标纸、绘图纸、胶水，以及制作染色体玻片标本所需要的其他用品。

(2) 药品：制作有丝分裂玻片所需的药品和试剂，显微摄影冲洗放大所需的药品和试剂。

【实验步骤】

1. 有丝分裂时期的染色体组型分析

(1) 制作染色体玻片标本：利用有丝分裂时期的染色体进行组型分析，通常是采用根尖细胞有丝分裂中期的染色体。因为这一时期的染色体具有明显的形态特征，便于进行分析。获得有丝分裂中期染色体玻片标本的方法，可参照实验1进行。

(2) 选材与显微摄影：当染色体玻片标本制好后，于显微镜下选出10个中期分裂相，其染色体数目完整、分散良好、无重叠、各条染色体处于同一平面，并且着色鲜明、形态清晰、着丝粒明显、如有随体应明显可见，进行显微照相。取清楚的底片放大成8 cm×10 cm左右的照片。

(3) 测量：对放大后的照片进行测量。准确测出每条染色体的总长度、长臂长度、短臂长度及随体有无等，分别记录，精确到0.1 mm。具有随体的染色体，随体的长度可以记入也可以不记入染色体长度之内，但应注明。对于每条染色体的着丝粒应平分为二，记入两臂长度之内。如果染色体弯曲不能用直尺测量时，可以先用细线量取与染色体等长的长度，再用尺子量出线的相应长度。

(4) 计算：根据测量结果，计算出下列各种参数。

① 绝对长度(μm)＝放大的染色体长度(mm)×1000/放大倍数

② 相对长度(%)＝(某染色体长度/染色体组总长度)×100%

③ 臂比＝长臂长度(q)/ 短臂长度(p)

④ 着丝粒指数＝(短臂长度/该染色体的长度)×100

(5) 配对：根据测量数据，比较染色体的形状、大小、相对长度、臂比、着丝粒指数、副缢痕的有无及位置、随体的有无等特征，对照片上的染色体进行粗剪(即将各个染色体分别剪下)和同源染色体的配对。

(6) 排列：将配对的染色体按由大到小的顺序进行排列并编号。对于等长的染色体，以短臂长的在前；有特殊标记(如随体)的染色体及性染色体排在最后。排列时，把各对染色体的着丝粒排在一条直线上，短臂在上，长臂在下。

(7) 分类：根据臂比确定各染色体着丝粒位置，进而依照 Levan 在 1964 年“着丝粒位置的确定”标准，将染色体分为 6 类(表 8-1)，并将各种信息数据整理填表(表 8-2)。

表 8-1　着丝粒位置的确定(Levan 在 1964 年的标准)

臂 比 (r)	着 丝 粒 位 置	简　记
1.0	正中部着丝粒	M
1.0～1.7	中部着丝粒区	m
1.7～3.0	近中着丝粒区	sm
3.0～7.0	近端着丝粒区	st
7.0～∞	端部着丝粒区	t
∞	正端部着丝粒	T

表 8-2　染色体组型分析数据指标

编　号	绝对长度	相对长度	短　臂	长　臂	臂　比	着丝粒指数	随　体	类　型
1								
2								
3								
4								
5								
…								
n								

(8) 剪贴　将已经粗剪过的每条染色体进行细剪，使染色体周围所留相纸相等，若染色体图像清晰可以不留余边，然后按排列顺序整齐地贴在硬纸板上。一般是硬纸板的上方贴一张未剪的完整照片，中间贴上已经剪出且按顺序配对排列的染色体，下方列表，最后写出实验材料及核型公式。

核型公式是以公式的形式将核型分析的结果和核型的主要特征予以表示，简明扼要，便于记忆和进行比较。其书写格式如下例。

芍药(*Paeonia eactiflora*)：$K = 2n = 2x = 10 = 6\ \mathrm{m} + 2\ \mathrm{sm} + 2\ \mathrm{st}^{sat}$

(9) 翻拍及绘图　将剪贴排列好的染色体组型图进行翻拍或描图成为染色体组型图。

高等植物属异源多倍体的种类较多，进行组型分析时，不完全根据染色体的大小进行排列，而应根据系统发育的来源进行分组，然后各组按大小进行编排。例如，普通小麦是异源六倍体，由三个物种的染色体在系统发育过程中组合形成。已知其染色体组为 AABBDD，因此应分成 AA、BB、DD 几组进行分析。

2. 减数分裂时期的染色体组型分析

利用减数分裂时期的染色体进行组型分析，通常是选择终变期或中期 I 细胞，因为这时同源染色体已经联会，每一条染色体包含着 4 条染色单体即成为二价体，染色体个体形态明显,分散度好,具有稳定的测量长度、着丝粒位置、有无随体等特点,是染色体组型分析的良好时期。此外,许多植物在减数分裂时,在同一个花药中的细胞具有比较好的细胞分裂同步性,给染色体组型分析带来了方便。

玉米、百合、鸭跖草的花药,是利用减数分裂研究染色体组型较好的材料。也可以利用新鲜固定的蚕豆、豌豆的花蕾。本实验请学生自选一种材料进行,其取材和制片方法参见“植物花粉母细胞减数分裂”实验,其他步骤同上。

【实验报告】

1. 完成一种作物的染色体组型分析图,包括染色体组型图、数据表和核型公式。
2. 通过查阅资料,谈谈染色体组型分析的意义。
3. 为什么要用相对长度来表示染色体的长度?

(赵建萍　张爱民)

实验9　植物组织的培养

【实验目的】

1. 学习和掌握不同植物组织的培养方法和技术。
2. 了解植物组织培养在生产实践中的意义。

【实验原理】

植物体细胞组织培养具有理论上和应用上的意义。它是运用培养技术进行作物品种改良的新途径,同时又丰富了基础遗传学的内容。在体细胞杂交、染色体移植、DNA注射及DNA重组技术成为育种过程的常用手段之前,必须阐明离体培养的单细胞再生为有重要经济价值的单双子叶植物的遗传控制机制。体细胞克隆变异是借助于离体培养细胞发生的随机遗传变异得到的。随机遗传变异及染色体总量的变化(非整倍体、多倍体等)在培养细胞中常有发生。现在,微量遗传变化也在培养细胞中被发现。总之,作物品种可以通过上述遗传变化而得以改良。

培养细胞必须通过诸如愈伤组织培养或悬浮培养,打乱细胞的生长周期,诱导体细胞克隆变异。培养植物所表现出的体细胞克隆变异与诱变时间呈正相关。

水稻的任何部位几乎都可用来诱导愈伤组织。外植体可以是胚乳、胚、成熟的种子、小穗、子房、根尖、茎尖或茎节,然而种子和小穗用得最多,因为愈伤组织诱导较为容易且效率较高。

茎尖分生组织通常位于茎的最尖端,是直径约0.1 mm、长度为0.25～0.3 mm的圆形组织。茎尖分生组织最早在胚胎发育时期形成,并在植物整个营养生长时期保持旺盛的细胞分裂功能。茎尖分生细胞的全能性是分生组织培养技术的基础。茎尖分生组织培养为植物的快速繁殖与传代提供了一条有效途径。重建植株在遗传成分上几乎完全等同于供体植株。因而,茎尖分生组织培养广泛应用于有花植物(如菊花等)的繁殖上,茎尖分生组织培养在生产无病植株尤其是脱病毒植株方面也具有重要意义。茎尖分生组织培养步骤可以以种子繁殖作物与营养繁殖作物两种类型分别进行实验。

植物的组织培养能够使根、茎、叶等器官再次发生,如苜蓿的叶柄培养。胚胎不被看

作器官，因为这种结构是独立的，如它与亲本没有维管束的联系。

愈伤组织的器官发生或离体培养下的器官形成，均由一群分生细胞的产生所诱导。这群分生细胞在组织内部的因子影响下能够形成原基。激素能够诱导根、茎及胚胎的发生。根的诱导是在芽形成后进行的。

【材料与用品】

1. 材料

小麦未成熟胚、玉米的穗、小麦种子和小穗、种子繁殖植物（如蚕豆、豌豆、大豆等）的茎尖、营养繁殖植物（如草莓、马铃薯、木薯等）的茎尖、苜蓿叶柄（或子叶）、五彩苏（锦紫苏）叶片、番茄叶片、矮牵牛花的茎段和杨树的茎段等。

2. 用具及药品

(1) 用具　高压灭菌器、光照生化培养箱、调药刀、小钵、塑料盒、刀片、冰箱、磁力搅拌器、培养皿、吸水纸、超净工作台、立体显微镜、解剖针、手术刀、镊子、小试管、铝箔、蜡带、三角瓶和烧杯等。

(2) 药品　次氯酸钠溶液（0.52%、1.2%、2.5%、3%、10%）、蒸馏水、培养基（诱导愈伤组织培养基、MS、B5、SH - NAA、KS7951、$BRVS_2$ 等）、贮存液、激素贮存液、Hoagland 营养液、卡诺固定液、70%乙醇、醋酸洋红和95%乙醇等。

注意：应该灭菌的用具和药品都应严格高压灭菌。

【实验步骤】

1. 小麦未成熟胚培养

1) 取4～6种受精（开花）后12～15 d的不同基因型的颖果，用0.52%次氯酸钠表面灭菌5 min，无菌蒸馏水冲洗。

2) 用调药刀将胚从种子中挤出，连同颖片一起接种在初始培养基的表面。幼胚通常不形成愈伤组织，而成熟胚将在此培养基中萌发。

3) 愈伤组织诱导。诱导愈伤组织培养基的组成成分如下。

大量元素(mg/L)

NH_4NO_3	$CaCl_2 \cdot 2H_2O$	$FeSO_4 \cdot 7H_2O$	$Na_2 \cdot EDTA$	KNO_3	$MgSO_4 \cdot 7H_2O$	KH_2PO_4
1650.0	440.0	27.8	37.3	1900.0	370.0	170.0

微量元素(mg/L)

$CuSO_4 \cdot 5H_2O$	$MnSO_4 \cdot 4H_2O$	$ZnSO_4 \cdot 7H_2O$	H_3BO_3	$CoCl_2 \cdot 6H_2O$	$Na_2MoO_4 \cdot 2H_2O$	KI
0.025	22.3	8.6	6.2	0.025	0.25	0.83

有机成分(g/L)

蔗　糖	琼　脂
20.0	6.0

生长调节剂(mg/L)

2,4 - D	盐酸硫胺素	L-天冬酰胺
1	0.5	150

培养基调到 pH 5.8,0.105 MPa 高压灭菌 15 min。

4) 种进去的胚在 27℃,16 h 光照(1500 lx)的培养室中培养,直到长出愈伤组织。然后将愈伤组织转接到附加 0.5 mg/L 2,4-二氯苯氧乙酸(2,4-D)的同种培养基中,每 20 d继代培养一次。

5) 记录每种培养基诱导出的愈伤组织的数目,并观察愈伤组织的大小和颜色,如 IB(小,褐色)、IT(小,半透明)、5B(大,褐色)、5T(大,半透明)。

6) 将愈伤组织分成以下三组:第一组,愈伤组织在诱导培养基中培养 20 d;第二组,愈伤组织在诱导培养基中培养 45 d;第三组,愈伤组织在诱导培养基中培养 90 d。

7) 将以上各组愈伤组织转入分化培养基中,分化培养基的成分与愈伤组织诱导培养基成分基本相同,只是 2,4-D 浓度降低到 0.1 mg/L。低水平的 2,4-D 促进茎叶发育,但对根的发育稍有影响。

8) 将带有绿点和幼芽的愈伤组织转入不含 2,4-D 的愈伤组织诱导培养基中,在 22℃,12 h 光照(5000 lx)下培养。

9) 当茎叶和根长成后(大约 21 d),用自来水冲去再生植株上的琼脂,然后移栽到装有碎石的小钵中。必要时用 Hoagland 营养液浇灌。将小钵放入有盖的塑料盒内 2 d 以保持较高的湿度,在以后的 3 d 逐渐打开盖子以适应自然生长环境。

10) 生长 30 d 后,取下每个再生植株的根尖,固定,检查染色体的数目和可能出现的畸变。然后将植株转入装有土壤的小钵中,在温室中培养。

11) 以实生苗作对照,观察记录再生植株的各种形态变异,比较这三组材料及每种基因型在形态和细胞学变异的频率和类型,作出结论。

12) 收集表现有体细胞克隆变异的再生植株的种子,播种得到下一代(R_1 或 SC_2 世代)。观察是否有同样的变异出现。

2. 玉米的幼胚培养

1) 将田间或温室培养的玉米品系授粉后 14～18 d 的玉米穗取下,切成 5～8 cm的小段。用 2.5%次氯酸钠溶液消毒 10 min,灭菌蒸馏水冲洗。将幼胚迅速切出,在 4℃条件下存放 12 h。

2) 将玉米粒从玉米穗上取下,取出其内的幼胚,用窄刀片刮去胚乳。将位于玉米粒基部的胚接种于固体培养基上,圆的盾片朝上,较平的胚轴面接触在愈伤组织诱导培养基上。

愈伤组织诱导培养基组成成分中,大量元素、微量元素和有机成分同小麦,维生素和激素(mg/L)如下。

2,4-D	烟　酸	维生素 B_6	甘氨酸	维生素 B_1	泛酸钙	L-天冬酰胺
2	1.3	0.25	7.7	0.25	0.25	1980.0

培养基调到 pH 5.8,0.105 MPa 高压灭菌 15 min。

3) 接种的幼胚在 28℃暗培养。盾片的反应及胚的最佳大小随基因型的不同有显著的差别。在合适的培养条件下,3 周后即可诱导出愈伤组织。第三或第四周可将愈伤组织继代培养在同种培养基上,以保存愈伤组织。

4) 2,4-D 的量减少到 0.5 mg/L、0.1 mg/L、0 mg/L,将愈伤组织逐步转移到 2,4-D水平降低的同种培养基上,以诱导芽的形成与幼苗的形态发生。

5）当根长出，幼苗长到4～5 cm高时，洗去根部的琼脂，将幼苗转入装有土壤的花盆中。第一周用烧杯或塑料袋罩住幼苗，以后可逐渐移去。

6）在幼苗移入土壤之前，收集根尖，在4℃用饱和8-羟基喹啉预处理4 h后，转入新鲜卡诺A液（3份95%乙醇，1份冰醋酸）在24℃条件下固定24 h。根尖在-10℃、70%乙醇中保存，用醋酸洋红染色，用压片法制片。统计中期细胞染色体数目。

7）统计每种基因型诱导出的愈伤组织块数目及再生苗数目，记录幼苗的形态变异，并作出结论。

8）将表现出形态变异或细胞学变异的植株自交。把种子播种下去得到下一代（R_1或SC_2代），这些变异能否传递给后代？

3. 水稻的体细胞组织培养

1）收集几个品种的成熟种子，除去谷壳。选择健康植株的幼嫩小穗，从距地面5～10 cm高处切下。

2）将谷粒用95%乙醇漂洗3 s以除去种子外表的蜡脂层。如果漂洗时间超过10 s，种子就会死亡。

3）将幼嫩的小穗浸泡在70%乙醇中10 min，在通风橱内除去叶片。1～1.5 cm长的幼嫩小穗是愈伤组织诱导的最佳时期。

4）将种子放在烧杯内用流水冲洗2～10 min，然后浸没在装有70%乙醇的无菌培养皿内5 min。

5）除去乙醇，向培养皿内加入3%次氯酸钠溶液。不时地振荡，摇动处理45 min。

6）将种子完全浸没在无菌水中漂洗。

7）将种子和幼嫩小穗接种在加有生长素的MS培养基中以诱导愈伤组织。MS培养基的组成及附加成分如下，其中大量元素和微量元素同小麦培养基。

有机成分（g/L）

水解酪蛋白	琼　　脂
0.5	6.0

生长调节物质（mg/L）

2,4-D	IAA	激动素
2	0.2	0.2

培养基调到pH 5.8，0.105 MPa高压灭菌15 min。

8）将种子和幼嫩小穗在27℃、黑暗中培养。约4周后，愈伤组织诱导出来。

9）将愈伤组织转入再分化培养基。这种培养基是在MS基本培养基的基础上附加有2 mg/L激动素、0.2 mg/L IAA和800 mg/L水解酪蛋白。愈伤组织在27℃、8 h光照（1600 lx）条件下培养。

10）统计每一品种每一植株愈伤组织的诱导频率，比较基因型与不同植株的诱导率的差异。

11）统计绿苗诱导频率。比较不同基因型及不同外植体（如种子与幼嫩小穗）诱导率的差异。

12) 将愈伤组织每3周继代培养1次，共继代培养4次(3周—6周—9周—12周)。在每一继代周期之末，将愈伤组织分化培养。比较经继代培养的和未经继代培养的愈伤组织绿苗诱导率的差别。一般来讲，继代培养时间越长，绿苗诱导率越低，幼苗生长越弱，细胞学上的异常也会增加。

4. 种子繁殖植物(如蚕豆、豌豆、大豆等)的茎尖分生组织培养

1) 将种子放入70%乙醇中漂洗1 min，然后浸入装有1.2%次氯酸钠溶液的烧杯中15～20 min，不时用玻璃棒或磁力搅拌器搅拌和振荡。

2) 用无菌蒸馏水彻底冲洗灭菌的种子。

3) 将种子放入无菌的垫有一层滤纸或吸水棉的培养皿内使其萌发。

4) 种子一旦萌发(4～5 d)，立即无菌切取长0.3～0.5 mm的茎尖分生组织。

5) 分生组织的无菌分离是在放入过滤空气通风橱内的立体显微镜下进行。所有的仪器，包括手术刀、解剖针和镊子必须浸入70%乙醇中消毒。立体显微镜和载物台也必须用70%乙醇消毒。

6) 在显微镜(10×或20×)下用镊子夹住茎尖，用解剖针或解剖刀将外轮叶片一片一片地去掉，仅剩下分生组织圆锥体与一对叶原基。在距圆锥体尖端0.3～0.5 mm处，用解剖刀切成“V”字形，将带有原形成层的组织切下，立即接种在装有2.5 mL固体培养基的小试管(10 mm×1.2 mm)中，用棉花塞住管口，在24～28℃条件下培养。

7) 很多种类的分生组织均可培养在MS或B5培养基上。B5培养基的组成如下。

大量元素(mg/L)

$(NH_4)_2SO_4$	$CaCl_2 \cdot 2H_2O$	$FeSO_4 \cdot 7H_2O$	$Na_2 \cdot EDTA$	KNO_3	$MgSO_4 \cdot 7H_2O$	$NaH_2PO_4 \cdot 2H_2O$
134	150	27.8	37.3	2500	370.0	150

微量元素(mg/L)

$CuSO_4 \cdot 5H_2O$	$MnSO_4 \cdot 4H_2O$	$ZnSO_4 \cdot 7H_2O$	H_3BO_3	$CoCl_2 \cdot 6H_2O$	$Na_2MoO_4 \cdot 2H_2O$	KI
0.025	10	2	3	0.025	0.25	0.75

维生素(mg/L)

烟　酸	维生素B_6	肌　醇	维生素B_1
1.0	1.0	100	10.0

有机成分(g/L)

蔗　糖	20.0	琼　脂	6.0

生长调节物质(mg/L)

2,4-D	0.1～1.0	激动素	0.1

培养基调到pH 5.5，0.105 MPa高压灭菌15 min。

8）各种植物茎尖分生组织培养的形态发生。

种　　类	培养基	激素成分/(μmol/L)	培养条件	形态发生
豌豆(*Pisum sativum*)	B5	BA0.5	26℃/16 h	芽
大豆(*Glycine max*)	MS	BA0.1+NAA1.0	26℃/16 h	植株
豇豆(*Vigna vulgaris*)	MS	BA0.001+NAA10	29℃/16 h	植株
菜豆(*Phaseolus vulgaris*)	MS	BA5.0+NAA10	29℃/16 h	芽
花生(*Arachis hypogaea*)	MS	BA0.1+NAA1～10	29℃/16 h	植株
番茄(*Lycopersicum esculentum*)	MS	BA2.0,NAA0.1～1.0	26℃/16 h	植株

9）一个学生选择一种作物进行分生组织培养。统计形态发生的类型及频率，观察是否有形态学和细胞学的变异。在通常情况下，培养已经分化了的器官。分生组织是不会发生体细胞克隆变异或细胞学变异的。

5. 营养繁殖植物(如草莓、马铃薯、木薯等)的茎尖分生组织培养

以草莓(*Fragaria ananassa*)为实验材料，它是一种由匍匐茎繁殖的多年生作物。

1）将草莓栽培在温室中的腐殖土、泥炭、蛭石(或沙子)(3∶2∶1)的混合物上。掐掉花朵以促进匍匐茎的生长。

2）切取匍匐茎的茎尖(5 cm 长)，用 1.2%次氯酸钠的 20%溶液(体积)灭菌蒸馏水冲洗 3 次。

3）将茎尖分生组织切下(0.4～0.5 mm)，培养在由琼脂固化的 MS 培养基，附加 1 μmol/L BA、1 μmol/L 吲哚丁酸及 0.1 μmol/L GA_3。培养条件为 26℃，16 h 4000 lx光照以及 70%的湿度。

4）3～4 周后，芽分化形成，将这些芽再培养在 MS 附加 10 μmol/L BA 的培养基中。以同样条件培养，可促进芽的增生。

5）将扩增芽再培养在含有同样营养成分的培养基中。降低 BA(1.0 μmol/L)和 NAA(1.0 μmol/L)的水平或不加生长调节物质以促进根的形态发生。

每个学生用草莓进行分生组织培养实验。统计诱导出植株的频率及可能发生的形态变异。

6. 苜蓿(*Medicago sativa*)叶柄(或子叶)的组织培养

1）从生长在温室或生长箱(16 h 光照/d，4 000 lx)的健壮苜蓿植株上采集幼嫩叶柄。

2）叶柄切段(约 1 cm 长)的表面灭菌步骤如下：在 70%乙醇中浸泡 15 s，在 50%(体积百分比)次氯酸钠溶液中灭菌 5 min，在无菌蒸馏水中洗涤 2 次，每次洗涤 15 s。(叶柄用干纱布包裹，可用镊子从一种溶液转入另一种溶液。)

3）培养基采用 SH－NAA 或 KS7951，每个培养皿接种 10 个叶柄切段。

① Shenk-Hildebrandt(SH)－NAA 培养基

贮存液	浓　度	贮存液	浓　度
大量元素	50 mol/L	激动素	5.0 mol/L
微量元素 A	2.5 mol/L	NAA	0.37 mol/L
微量元素 B	2.5 mol/L	肌醇	1 g/L
Fe－EDTA	2.0 mol/L	蔗糖	30 g/L
维生素	1.0 mol/L	琼脂	6 g/L

注意：先加水 400 mL，再依次加入各种成分，前一种成分充分溶解后再加入下一种，最后将体积定容到 1 L。将 pH 调到 5.8～6.0 后再添加琼脂。

② 贮存液

大量元素	质量/500 mL	维生素	质量/10 mL	微量元素 B	质量/100 mL
KNO_3	25 g	维生素 B_1	50 mg	KI	40 mg
$MgSO_4 \cdot 7H_2O$	4 g	烟酸	50 mg	$CuSO_4 \cdot 5H_2O$	8 mg
$NH_4H_2PO_4$	3 g	维生素 B_6	5 mg	$Na_2MoO_4 \cdot 2H_2O$	4 mg
$CaCl_2 \cdot 2H_2O$	2 g			$CoCl_2 \cdot 6H_2O$	4 mg

Fe - EDTA	质量/L	微量元素 A	质量/100 mL
$FeSO_4 \cdot 7H_2O$	0.75 g	$MnSO_4 \cdot H_2O$	400 mg
Na_2 - EDTA	1.0 g	H_3BO_3	200 mg
		$ZnSO_4 \cdot 7H_2O$	40 mg

以上两种溶质分别溶在 30 mL 水中。加热沸腾时将两种溶液混合。

③ 激素贮存液

激动素(先溶在 1 mL 0.5 mol/L HCl 中)	21.5 mg/L
2,4 - D	100 mg/10 mL 95%乙醇
NAA(先溶在 95%乙醇中)	186.2 mg/L(1 mmol/L)

④ 配制 500 mL SH - NAA 培养基，装在 1 L 的瓶内，用铝箔封口，在 121℃、0.105 MPa 高压灭菌 20 min。

⑤ 待培养基冷却到 40℃，无菌分装到 100 mm×15 mm 培养皿或 50 mL 三角瓶中，封口作标记，放入冰箱保存。所有的培养皿需用蜡带封口，以备后用。

4) 将每个培养皿用蜡带封好，标上姓名、品种、植株号码及日期。培养皿放在 27℃、16 h 光周期的培养箱内培养。

5) 愈伤组织大约在 4 周后出现。将这些愈伤组织转入诱导培养基(SH 培养基不附加 NAA，但含有 50 μmol/L 2,4 - D 和 5 μmol/L 激动素)培养 5 d。

6) 将愈伤组织分别转入 BI_2Y 培养基或 SHAP 培养基(SH 培养基不含任何激素，但加有超过滤灭菌的 50 mmol/L 脯氨酸和 30 mmol/L 丙氨酸)，使植株再生。

7) 大约一个月后体细胞胚胎发生。当幼苗的根及枝条发育得较充分时，可将它转入装有蛭石或湿砂子的小钵中。开始几天须盖上烧杯以保持湿度。

8) 当植株生根较困难时，用附加有 25 μmol/L GA_3 和 0.25 μmol/L NAA 的 1/2 SH 培养基和水浇灌。

9) 生长良好的植株可移植到装有蛭石或湿沙子的小钵内，并在最初几天盖上烧杯，湿度应逐渐降低到与外界环境相同。这个过程至少需要 4～7 d。在移栽时，应避免将植株暴露在外界环境时间过长，否则植株将会萎蔫并且不可挽回。

7. 五彩苏(锦紫苏)叶片培养

这个实验中将从五彩苏的叶片外植体诱导芽及根的形成，观察器官发生的诱导条件，以及变异的叶片通过营养繁殖的遗传传递。

1) 以五彩苏(*Coleus scutellarioides*)为材料,选择叶片大面积缺乏叶绿体的植株栽培。

2) 配制 $BRVS_2$ 培养基(pH 4.5)

在教师指导下,学生要自配贮存液,高压灭菌,将培养基分装在 125 mL 的三角瓶中(每瓶装培养基 50 mL)。

3) 摘取 10 片距茎尖第二和第三个节上的幼嫩叶片,用浸有 80%乙醇的棉花擦拭叶片。然后将叶片浸入 1%次氯酸钠溶液灭菌 10 min。

4) 用无菌蒸馏水将叶片冲洗 3 次,将单张叶片放在垫有两层滤纸的培养皿上,用打孔器打成圆片。滤纸在这里起缓冲作用,并有助于打孔器对叶片组织的切割。

成 分	浓度/(mg/L)	成 分	浓度/(mg/L)
$Ca(NO_3)_2 \cdot 4H_2O$	333.0	$H_2MoO_4 \cdot H_2O$	0.009
KCl	41.6	维生素 B_1	0.337
KNO_3	83.2	维生素 B_6	0.206
KH_2PO_4	83.2	烟酸	0.123
$MgSO_4 \cdot 7H_2O$	83.2	泛酸钙	0.477
酒石酸铁盐	3.25	对氨基苯甲酸	0.137
H_3BO_3	0.286	NAA	0.01
$MnCl_2 \cdot 4H_2O$	0.181	苄氨基嘌呤	0.1
$ZnSO_4 \cdot 7H_2O$	0.022	肌醇	216.0
$CuSO_4 \cdot 5H_2O$	0.008	蔗糖	20 000

5) 将叶圆片直接转入装有培养基的 125 mL 三角瓶中,每瓶接种一个外植体。静置培养而不需振荡。

6) 当芽形成后,将叶圆片外植体转入装有 200 mL $BRVS_2$ 固体培养基的500 mL三角瓶中(附加琼脂 0.45%,质量/体积)。这种培养基需加有 NAA(9 μg/200 mL培养基)和苄氨基嘌呤(5 μg/200 mL 培养基)。

7) 在静置的液体培养条件下,叶圆片较易诱导出愈伤组织和芽。当芽形成后,将叶圆片转入固体培养基,有助于芽的继续发育。转移后,每个叶圆片能形成 20 个或更多的芽,并且根也会长出。大约 5 周后,当根和幼苗长到适当大小、茎长到 10~15 cm 长时,用水冲去根部的培养基,将苗取出移栽到土壤中。

8) 最初的外植体来自带有不同颜色斑纹的叶片。注意在再生植株中带有同样颜色斑纹的叶片类型。

9) 在五彩苏黄花叶片问题上,就遗传因子、维管束的抑制及氨基酸的累加作用等方面,试解释黄花叶片变异的类型。

8. 番茄(*Lycopersicum esculenum*)叶片的组织培养及植株的再生

1) 摘取靠近茎尖的幼嫩叶片,将叶片切成长方形作为外植体。

2) 用 70%乙醇表面灭菌 10 s,转入 1%次氯酸钠溶液灭菌 5 min,最后用无菌蒸馏水冲洗 3 次。

3) 将灭菌的长方形叶片切成 6 mm×8 mm 大小。

4) 采用 MS 液体培养基,附加维生素 B_1(0.4 mg/L)、肌醇(100 mg/L)、蔗糖(30 g/L)、IAA(2 mg/L)、激动素(2 mg/L)。每只 50 mL 三角瓶中倒入 15 mL 液体培养

基,用来培养外植体。

5) 在25℃,12 h 1800 lx光周期下培养。

6) 8～10 d后,愈伤组织即可诱导出来。

7) 根形成后,将材料转入加有IAA(4 mg/L)和激动素(4 mg/L)的同样的培养基中。大约4周后,茎叶即可长出。

8) 将培养物质转入不加任何外源植物激素的MS基本培养基以促进植株的形成。每隔3～4周需进行继代培养。

9) 每个学生用两个品种作材料进行培养。简述不同基因型对诱导的影响,以及可能出现的体细胞克隆变异和细胞学变异。

9. 矮牵牛花的茎段培养

1) 切取矮牵牛花(*Petunia inflata*)的1 cm长的节间茎段作外植体。

2) 配制培养基。

MS大量元素、蔗糖20 g/L、苄氨基嘌呤0.2 mg/L、琼脂0.7 g/L、Nitsch和Nitsch微量元素。

$MnSO_4 \cdot 2H_2O$	3 mg/L	H_3BO_3	0.5 mg/L
$ZnSO_4 \cdot 7H_2O$	0.5 mg/L	$Na_2MoO_4 \cdot 2H_2O$	0.025 mg/L
$CuSO_4 \cdot 5H_2O$	0.025 mg/L		

3) 将培养物放在24℃白天/17℃夜晚,16 h光周期下培养。

4) 大约培养2周后会出现芽。

5) 将芽切下转入MS基本培养基培养,芽即可发育成带根的完整植株。

6) 记录不同基因型的差异、诱导频率(小苗数/外植体数),以及可能出现的体细胞克隆变异和细胞学变异。

10. 杨树的茎段培养

1) 取下杨树(*Populus* spp.)第一年生长的嫩枝。

2) 取1～2 cm长嫩枝节间茎段,沿着长度方向纵剖开。

3) 培养皿中垫一层激动素(2 mg/L)水溶液浸湿的滤纸,将茎段外植体放在湿滤纸上,切口向上。

4) 几星期后便诱导出愈伤组织,紧接着芽即长出。

【实验报告】

植物组织培养的意义是什么?

(郭善利　周国利)(姜倩倩修订)

实验10　诱变物质的微核检测

【实验目的】

1. 了解细胞微核的形成机制及其形态特点。
2. 学习植物根尖细胞的微核检测方法。

3. 掌握微核检测的原理及其在毒理遗传学中的意义。

【实验原理】

微核(micronucleus, MCN),也称卫星核,是真核生物细胞经辐射或化学药物的作用而产生的一种异常结构。在细胞间期,微核呈圆形或椭圆形,游离于主核之外,大小约为主核的1/3以下。微核的折光率及细胞化学反应性质和主核一样,染色与主核相同或稍浅,也具有合成DNA的能力。一般认为微核是由有丝分裂后期丧失了着丝粒的染色体断片或落后染色体因行动滞后,在分裂末期不能进入主核而形成了主核之外的核块,当子细胞进入下一次分裂间期时,它们便浓缩成主核之外的小核,即微核。

在辐射和化学物质中,有很多能引起染色体异常,进而不同程度地影响着生物机体的生存,轻者突变,重者死亡。同样,对人类会引起多种疾病和损伤。随着社会的发展,工业化水平的不断提高,大量新的化合物的合成,原子能的应用,各种各样工业废物的排出,人们需要有一套高度灵敏、技术简单、行之有效的测试系统来监视环境的变化。已经证明微核率的大小与用药的剂量或辐射累积效应呈正相关,因此,微核是常用的遗传毒理学指标之一,指示染色体或纺锤体的损伤。与直接观察染色体异常、进行中期畸变染色体计数(染色体中期相分析,chromosomal analysis, CA)相比,微核检测(micronucleus test, MNT),其计数经济、迅速、简便、易于操作,有显而易见的实用性,是公认的检测染色体异常比较理想的方法。目前已广泛应用于辐射损伤、辐射防护、化学诱变剂、新药试验、食品添加剂的安全评价、染色体病和癌症前期诊断等多个方面。

微核检测法建立于20世纪70年代初,Matter和Schmid首先用啮齿类动物骨髓细胞微核率来测定疑有诱变活力的化合物。此后,微核检测逐渐从动物、人类扩展到植物领域。研究显示,以植物进行微核测试与以动物进行检测的一致率可达99%以上。且植物材料易于培养、制片简单、镜检观察容易、经济实用、实验周期短,根尖细胞在有丝分裂期对药物作用较敏感,进行遗传毒性检测,精确度较高,因而得到了广泛的应用。

【材料与用品】

1. 材料

蚕豆(*Vicia faba*)根尖、大蒜(*Allium sativum*)根尖、鸭跖草(*Tradescantia paludosa*)的幼嫩花序等。本实验以大蒜为实验材料。

2. 用具及药品

(1) 用具:显微镜、培养板、烧杯、滤纸、剪刀、镊子、载玻片、盖玻片、手动计数器。

(2) 药品:改良苯酚品红染液、甲醇、冰醋酸、盐酸、70%乙醇、蒸馏水、叠氮钠(NaN_3)、甲基磺酸乙酯(EMS)、硫酸二乙酯(DES)。

【实验步骤】

1. 根尖培养

将大蒜去皮后,在培养板上每个孔放入2～3瓣(或小烧杯中),于25℃条件下水培2～3 d,待新根长至1～2 cm即可。

2. 根尖处理

将培养板1、2、3、4号孔中的水分别换成蒸馏水(阴性对照)、0.5～1.5 mol/L NaN_3、150～220 mol/L EMS、100～200 mol/L DES溶液,25℃条件下继续培养24 h。各种诱变剂溶液要浸没根尖。也可根据具体实验要求和诱变剂浓度增减实验组。

3. 根尖细胞恢复培养

处理后的带根蒜瓣用蒸馏水或自来水浸洗 3 次，每次 2～3 min，将诱变剂溶液洗净后，置干净培养板上(或小烧杯中)恢复培养 24 h。

4. 固定根尖细胞

切取恢复培养后的大蒜根尖 0.5～1 cm 长，放入甲醇：乙酸(3：1)液中固定 24 h。固定后的根尖如不及时制片，可换入 70%乙醇，置 4℃冰箱中保存备用。

5. 解离

用蒸馏水浸洗固定好的根尖 2 min，吸净蒸馏水后于 1 mol HCL 60℃解离 6～7 min，(室温下 10～12 min)此时，根尖软化，分生区为乳白色。解离完用水洗 3 次，每次 1～2 min。

6. 染色与压片

取 1～2 根软化好的根尖放于载玻片上，切取分生区 1～2 mm，用两张载玻片垂直对压，然后分开载玻片，滴 1 滴改良苯酚品红染液，染 5～10 min。

染色完毕加上盖玻片，在酒精灯火焰上过 2 或 3 次(以手背试之，感觉微烫为宜)，然后用竹签敲片后覆以滤纸，用拇指压片。

7. 镜检及微核统计

将装片放于显微镜低倍镜下观察，找到分生组织细胞分散良好、分裂相较多的部分，再转到高倍镜下观察并记录每种处理细胞中含有微核的细胞数及微核数(表 10－1)。每个处理随机观察 3 个根尖，每个根尖至少观察 100 个细胞。然后计算出各种诱变剂样品(包括阴性对照)的微核细胞千分率及微核千分率，确定污染程度(诱变能力)。

$$微核细胞千分率(MCNC‰) = 含有微核的细胞数 / 观察细胞总数 \times 1000‰$$
$$微核千分率(MCN‰) = 观察到的微核数 / 观察细胞总数 \times 1000‰$$

按污染程度划分方法如下。

1) 如果对照本底 MCN‰为 10‰以下，可采用如下标准确定样品的污染程度：MCN‰在 10‰以下，表示基本没有污染；MCN‰为 10‰～18‰，表示轻度污染；MCN‰为 18‰～30‰，表示中度污染；MCN‰在 30‰以上，则表示重度污染。

2) 若进行污水检测，根据“污染指数”确定样品的污染程度。

$$污染指数 = 样品实测微核千分率平均值 / 标准水(对照组) 微核千分率平均值$$

污染指数为 0～1.5，表示基本没有污染；污染指数为 1.5～2，表示轻度污染；污染指数为 2～3.5，表示中度污染；污染指数在 3.5 以上，表示重度污染。

此法可避免因实验条件等因素带来的 MCN‰本底的波动。

表 10－1　诱变剂诱发大蒜根尖细胞产生微核统计表

诱变剂	观察细胞数	含微核细胞数	观察到的微核数	平均微核细胞千分率	平均微核千分率
蒸馏水					
NaN_3					
EMS					
DES					

【注意事项】

1. 诱变前培养的大蒜不要让根长得太长，以 1 cm 左右进行诱变较为适宜。

2. 固定和解离时，要保证固定液和解离液可以充分浸润每条根。

3. 染色压片时，用两张载玻片轻轻将根尖压碎，有利于中间的细胞着色。

4. 压片、敲片时，尽量使细胞分散成单层，不要有层叠。

5. 在显微镜下计数微核的标准如下。

(1) 凡小于主核 1/3 以下的、与主核分离的小核。

(2) 小核的着色与主核相当或稍浅。

(3) 小核形态呈圆形、椭圆形或其他相似形状的染色物质。

6. 做好防护，防止诱变剂对实验者造成伤害。

【实验报告】

1. 根据你的实验结果记录，对所检测的诱变剂样品进行分析讨论，计算出各自的微核细胞千分率及微核千分率，确定其污染程度和诱变能力。

2. 什么是微核？微核如何产生？

3. 如何在显微镜下判断微核？

4. 微核率与处理药物的浓度有何关系？

5. 在大蒜根尖细胞微核检测中，为什么要恢复培养？

6. 简述微核千分率与微核细胞千分率的区别。

（赵建萍）

第三章　微生物遗传学

实验 11　粗糙链孢霉顺序四分子分析

【实验目的】

1. 用粗糙链孢霉的赖氨酸缺陷型和野生型进行杂交，观察杂交所得后代子囊孢子的分离和交换现象。

2. 掌握顺序排列的四分体遗传学分析方法，进行有关基因与着丝粒距离的计算和作图。

3. 加深理解基因分离和连锁交换规律，以及由于基因转换引起的异常分离现象。

【实验原理】

粗糙链孢霉（*Neurospora crassa*）属真菌、子囊菌纲、球壳目、脉孢菌属。粗糙链孢霉具有以下几方面的优点而成为遗传分析的好材料：① 子囊孢子是单倍体（$n=7$），表型直接反映基因型；② 体积小，生长快，易培养，一次杂交可以产生大量后代，易于获得正确的统计结果；③ 具有有性生殖过程，染色体的结构和功能类似于高等动植物，一次杂交就可达到高等二倍体生物一次杂交和一次测交的目的；④ 一次减数分裂的产物在一个子囊内，呈直线排列，具有严格的顺序，便于进行四分子分析，可直接观察到基因的分离和交换现象。

粗糙链孢霉有两种繁殖方式，一种是无性繁殖，当其孢子（n）或菌丝落在营养物上，孢子萌发，菌丝生长形成菌丝体（n）。菌丝体分枝产生粉红色的具分枝的分生孢子链，孢子链末端形成分生孢子。分生孢子有含一个核的小分生孢子和含多个核的大分生孢子两种。这些分生孢子同样能够形成菌丝，再产生分生孢子，循环往复地进行无性繁殖。

另一种是有性繁殖，两个亲本必须是不同的交配型（mating type）A 和 a，但两种交配型的菌株在形态上并无差别。单一菌株产生的原子囊果中的丝状产囊体即雌配子，而大小分生孢子及菌丝片段是其雄配子。受精作用可以通过两种方式进行。一种方式是将不同交配型的菌株共同培养，一种接合型菌株的分生孢子落在另一种接合型菌株的原子囊果的受精丝上，分生孢子的细胞核进入受精丝中形成异核体，进而进行核融合，形成 $2n$ 核（A/a）。另一种方式是通过不同接合型菌株的菌丝连接，进而发生核的融合形成合子。粗糙链孢霉的二倍体时期十分短暂，很快进行减数分裂，最后再经过一次有丝分裂，在子囊中产生 8 个子囊孢子（n），30～40 个子囊包被在一个黑色的子囊果里。子囊孢子成熟后又可萌发，长成新的菌丝体（图 11－1）。

由上可知，在一个成熟的子囊中，每个子囊孢子都是单倍体，其基因型就是表型，不论基因是显性还是隐性。通过观察子囊孢子的颜色等性状，或用每个孢子单独培养的方法，可以直观地观察到不同性状的分离；减数分裂形成的 8 个子囊孢子保留了交流与分离的

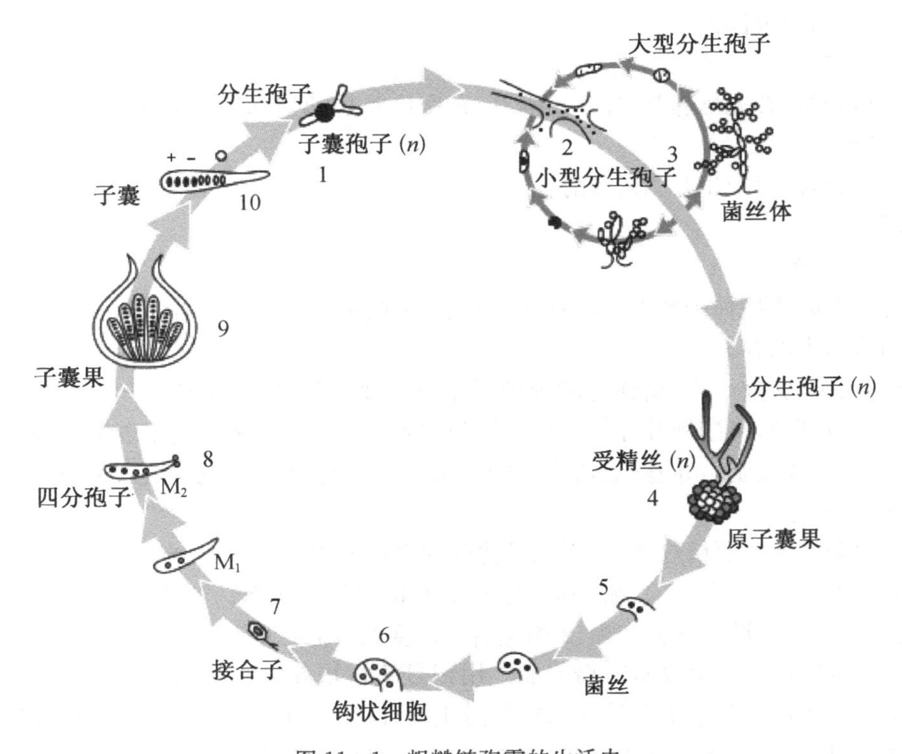

图 11－1　粗糙链孢霉的生活史

1～3 为无性繁殖；4～9 为有性繁殖

图中间示基因交换发生位置及子囊孢子的排列顺序

顺序，因而只要通过观察子囊孢子的排列顺序，就可以推测在减数分裂过程中究竟哪两条姐妹染色体参与了交换过程；第二次分裂分离可以看作一个基因与着丝粒间交换产生的，通过统计第一次分裂分离与第二次分裂分离的子囊，即可得出一个基因与着丝粒的距离，进行着丝粒作图。另外，第二次分裂分离时可能产生异常比例的子囊，这些子囊可以用作基因转换(gene conversion)的观察研究。

本实验选用的突变体是赖氨酸缺陷型(Lys^-)，这种突变体的子囊孢子成熟时间较野生型(Lys^+)晚，野生型孢子成熟呈黑色，而同一时期突变型的孢子仍为浅灰色。据此将两种不同类型的子囊孢子识别出来(图 11－2)，通过观察统计不同类型的子囊，进行顺序四分子的分析，确定 Lys^+/Lys^- 的着丝粒距离。

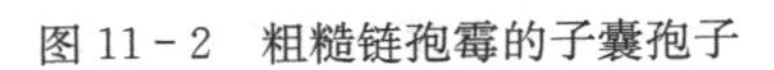

图 11－2　粗糙链孢霉的子囊孢子

【材料与用品】

1. 材料

粗糙链孢霉(*Neurospora crassa*)野生型(Lys^+)菌株；粗糙链孢霉赖氨酸缺陷型(Lys^-)菌株。

2. 器具

普通光学显微镜、大试管或培养皿、接种针、解剖针、酒精灯、三角瓶、载玻片、盖玻片、恒温培养箱、高压灭菌锅。

3. 培养基

基本培养基、补充培养基、完全培养基、杂交培养基(见本实验后附)。

4. 药品

5%次氯酸钠(NaClO)、5%苯酚。

【实验步骤】

1. 菌种保存与活化

将野生型菌株接种于基本培养基上,赖氨酸缺陷型菌株接种于补充基本培养基上,于4～5℃的冰箱中保存。

进行杂交实验前1周,将保存的菌种活化,使其恢复生长。具体操作程序是:在超净工作台上酒精灯旁,将接种针烧红、冷却后,分别挑取一小块含菌丝的培养基,接种在马铃薯斜面培养基(或完全培养基)上,28℃培养5 d左右,至菌丝上有分生孢子产生。

2. 接种杂交

在无菌条件下或酒精灯旁,分别从活化菌种中挑取少许菌丝或分生孢子,接种到同一玉米培养基上($Lys^+ \times Lys^-$),贴好标签,于25℃恒温箱中培养。5～7 d后出现棕色原子囊果,之后原子囊果继续变大变黑,2周左右成熟变黑,即可观察。

杂交也可使用玉米培养基的培养皿。用记号笔在培养皿底面画十字线,将培养基分为4等份。在每份培养基中央处分别接种活化菌种(Lys^+和Lys^-)少许菌丝,并使Lys^+和Lys^-两两相邻。原子囊果通常在Lys^+和Lys^-交界处形成。

3. 压片

杂交后2周左右,用接种针挑取几个子囊果放在载玻片上,加1～2滴5%次氯酸钠溶液,盖上盖玻片,用拇指或铅笔的橡皮头适当挤压,破碎子囊果。

4. 观察统计

置载玻片于显微镜低倍镜下,找到子囊果破裂且大量子囊分散的视野,观察子囊孢子的颜色、排列方式和分离比,并记录和统计不同类型的子囊数。

5. 计算

根据得到的数据,计算*Lys*基因和着丝粒间的重组值,确定着丝粒距离。

$$Lys\text{和着丝粒间的重组值}=\frac{\text{交换型子囊数}}{\text{交换型子囊数}+\text{非交换型子囊数}}\times\frac{1}{2}\times 100\%$$

重组值除去%,即图距:

$$\text{着丝粒距离(m. u.)}=\frac{\text{交换型子囊数}}{\text{交换型子囊数}+\text{非交换型子囊数}}\times\frac{1}{2}\times 100$$

【结果与分析】

1. 子囊孢子的排列方式及其形成机制

一个成熟的子囊中,含有8个子囊孢子,这是一次减数分裂和一次有丝分裂的产物。根据子囊孢子的排列方式,子囊通常有6种类型。

子囊型(1)+ + + + － － － －
子囊型(2)－ － － － + + + +
} 第一次分裂分离

子囊型(3)+ + − − + + − −
子囊型(4)− − + + − − + +
子囊型(5)+ + − − − − + +
子囊型(6)− − + + + + − −
}第二次分裂分离

子囊型(1)和(2)的产生如图 11-3 所示。第一次减数分裂(M_1)时，带有 Lys^+ 的两条染色单体移向一极，而带有 Lys^- 的两条染色单体移向另一极，Lys^+/Lys^- 这对基因在第一次减数分裂时分离，称第一次分裂分离(first division segregation)。第二次减数分裂(M_2)时，每一染色单体相互分开，再经过一次有丝分裂，成为(1)和(2)子囊型，顺序是+ + + + − − − −或− − − − + + + +。形成这两种子囊型时，着丝粒和基因对 Lys^+/Lys^- 间未发生过交换，是第一次分裂分离子囊，也属于非交换型子囊。

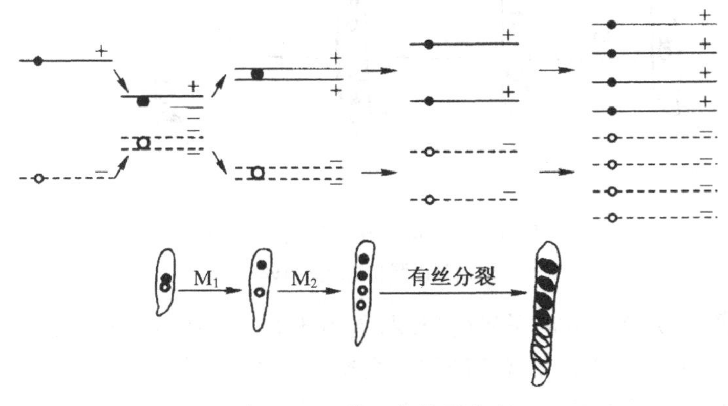

图 11-3　第一次分裂分离
(引自刘祖洞和江绍慧，1987)

子囊型(3)和(4)的形成如图 11-4。由于 *Lys* 基因与着丝粒间发生了一个交换，Lys^+/Lys^- 在第一次分裂时没有分离，到第二次减数分裂(M_2)时，带有 Lys^+ 的染色单体才和带有 Lys^- 的染色单体相互分开，所以称为第二次分裂分离(second division segregration)。然后再经一次有丝分裂，形成 4 个孢子对，顺序是+ + − − + + − −或− − + + − − + +。这是第二次分裂分离子囊。

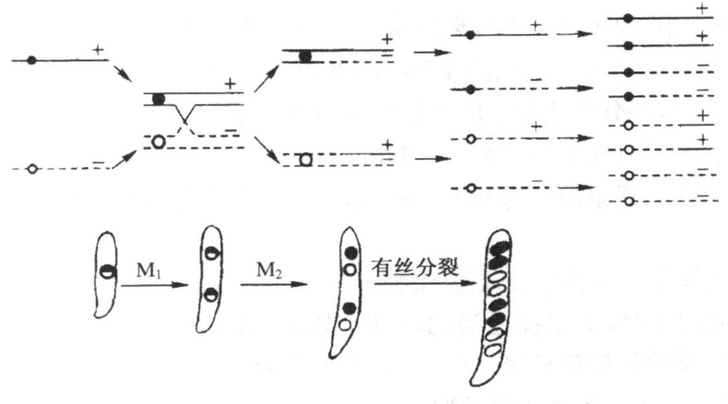

图 11-4　第二次分裂分离(一)
(引自刘祖洞和江绍慧，1987)

(5)和(6)子囊型的形成与(3)和(4)类似,也是两个染色单体发生了交换,不过交换不是发生在第2条染色单体与第3条染色单体之间,而是发生在1、3或2、4两条染色单体之间(图11-5)。

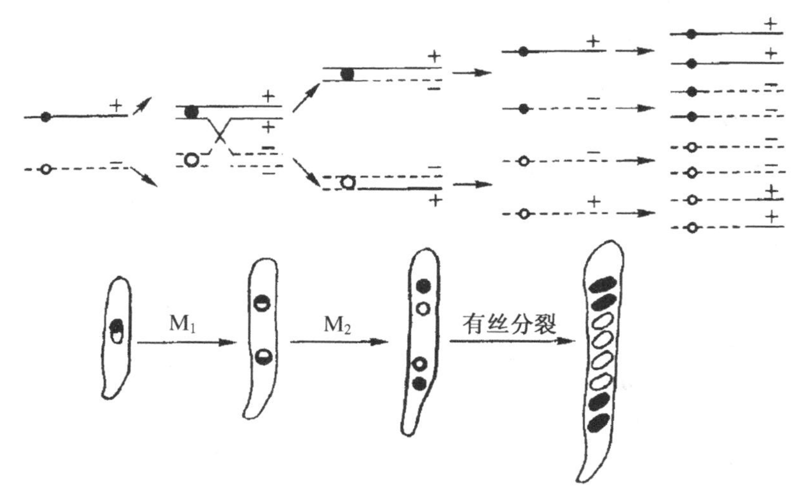

图11-5　第二次分裂分离(二)
(引自刘祖洞和江绍慧,1987)

由上可知,第二次分裂分离子囊的出现,是由于有关基因和着丝粒之间发生了一次交换,因此,(3)、(4)、(5)、(6)子囊型亦被称为交换型子囊。

2. 基因和着丝粒间的距离

按经典遗传的理论,一个基因和着丝粒之间的距离愈远,交换的可能性愈大,交换型子囊出现的比例愈高。因此,可以根据交换型子囊出现的频率计算一个基因和着丝粒之间的距离。这个距离也称为着丝粒距离。

由于交换只发生在二价体的4条染色单体中的两条之间,即交换型子囊中只有一半的子囊孢子是重组类型,因此,在计算重组率、确定着丝粒距离时需乘以1/2。本实验所用*Lys*位于链孢霉第6连锁群,其着丝粒距离约为14.8 m. u. 。

3. 异常分离比与基因转换

在顺序四分子中,偶尔会产生分离异常的子囊。如3∶1∶1∶3、5∶3(或3∶5)、6∶2或(2∶6)、1∶7(或7∶1)。在链孢霉等丝状真菌中,这种异常子囊类型出现的比例为0.1%～1%。由于这些分离比异常的子囊中只有两种表型的子囊,没有出现其他表型的孢子,可以推断它们不可能是基因突变引起的,而是同一子囊中一种表型的孢子转变为另一种表型的孢子,这种现象被称为基因转换,即一个等位基因转换为另一个等位基因。

【注意事项】

1. 菌种活化及杂交过程中要注意无菌操作。

2. 观察子囊孢子时,要选择适当的时期。如果时间偏早,虽有子囊,但孢子均未成熟,无论野生型还是缺陷型都显浅灰色;如果时间太迟,赖氨酸缺陷型的子囊孢子也已成熟,全为黑色,就无法辨认各种子囊类型。

3. 实验用过的器具要严格消毒灭菌,用过的实验材料须经5 min煮沸灭杀后方可倒

掉，以防污染。

【实验报告】

1. 记录所观察到的各种子囊类型，填入下表，计算 *Lys* 基因的着丝粒距离。

表 11－1　不同类型子囊统计

子囊类型	观察数	总计
第一次分裂分离(非交换型子囊)		
＋＋＋＋－－－－		
－－－－＋＋＋＋		
第二次分裂分离(交换型子囊)		
＋＋－－＋＋－－		
－－＋＋－－＋＋		
＋＋－－－－＋＋		
－－＋＋＋＋－－		
	交换型子囊 交换型子囊＋非交换型子囊	
其他类型子囊		

2. 在计算着丝粒距离的公式中，乘以 1/2 的含义是什么？

3. 假设在基因与着丝粒之间有双交换发生，你的数据和计算结果会发生怎样的偏差？

4. 你实际获得的着丝粒距离和文献数据一致吗？如果不一致，请考虑其可能的原因。

附　本实验所用的几种培养基及其配制方法

1. 50 倍 Vogel 基本培养基贮备液

配置 1 L 贮备液，取下列大量元素、有机物及 5 mL 的微量元素溶液，加蒸馏水定容到 1 L 即可。

大量元素	柠檬酸・$2H_2O$($Na_3C_6H_5O_7 \cdot 2H_2O$)	125 g
	KH_2PO_4	250 g
	NH_4NO_3	100 g
	$MgSO_4 \cdot 7H_2O$	10 g
	$CaCl_2 \cdot 2H_2O$	5 g
有机物	生物素溶液(5 mg/100 mL)	5 mL
微量元素	柠檬酸・H_2O	5.00 g
	$ZnSO_4 \cdot 7H_2O$	5.00 g
	$Fe(NH_4)_2(SO_4)_2 \cdot 6H_2O$	1.00 g
	$CuSO_4 \cdot 5H_2O$	0.25 g
	$MnSO_4 \cdot H_2O$	0.05 g
	H_3BO_3	0.05 g
	$Na_2MoO_4 \cdot 2H_2O$	0.05 g
	蒸馏水	100 mL

2. Vogel 基本培养基

50 倍 Vogel 基本培养基贮备液	20 mL
琼脂	20 g
蔗糖	15 g

加蒸馏水定容至 1 L。

3. 补充培养基

在基本培养基上补加一种或多种生长物质(氨基酸、核酸碱基、维生素等,氨基酸的用量通常是 5～10 mg/100 mL)。本实验所用补充培养基只要在基本培养基中添加适量赖氨酸,赖氨酸缺陷型菌株就能生长。

4. Vogel 完全培养基

配 1 L 完全培养基,取下列试剂及 10 mL 的维生素混合液,加蒸馏水定容到 1 L 即可。

酵母膏		5 g
酶解酪素		1 g
蔗糖		20 g
维生素混合液(取 10 mL)	硫胺素	10 mg
	核黄素	5 mg
	吡哆醇	5 mg
	泛酸钙	50 mg
	对氨基苯甲酸	5 mg
	烟酰胺	5 mg
	胆碱	100 mg
	肌醇	100 mg
	叶酸	1 mg
	蒸馏水	1000 mL

若加 2%琼脂,即固体完全培养基。为获大量分生孢子,可用 1%的甘油代替蔗糖。

5. 马铃薯培养基(可以代替完全培养基)

将马铃薯洗净去皮,切碎,取 200 g,加水 1000 mL,煮熟后用纱布过滤并弃去残渣,滤下的汁液中加 2%琼脂、20 g 蔗糖,煮溶,分装到试管中。亦可将马铃薯切成黄豆大小碎块,每支试管放 4～5 块,再加入融化好的琼脂、蔗糖即可。

6. 普通杂交培养基(pH 6.5)

KNO_3	1.0 g
KH_2PO_4	1.0 g
$MgSO_4 \cdot 7H_2O$	0.5 g
NaCl	0.1 g
$CaCl_2 \cdot 2H_2O$	0.13 g
生物素	20 μg(或 5 mg/100 mL 液 0.4 mL)
基本培养基中的微量元素溶液	1 mL
蔗糖	20.0 g

琼脂	15.0 g
蒸馏水	1000 mL

7. 玉米杂交培养基

将玉米粒浸泡软化、破碎，每试管加入3～4粒，再配制2%的琼脂，倒入装有玉米粒的试管中，每管2～3 mL，然后放入1小片长3～4 cm、折叠多次的滤纸，塞紧棉塞。

以上各种培养基试管用牛皮纸包好，121℃条件下灭菌20 min，取出摆成斜面备用。

（赵建萍　李金莲）

实验12　啤酒酵母菌诱变与营养缺陷型菌株筛选

【实验目的】

1. 学习用化学诱变剂诱变基因突变的方法，学习影印法检出突变型酵母的方法。
2. 用亚硝基胍诱变啤酒酵母，筛选营养缺陷型菌株。

【实验原理】

用化学诱变剂诱发基因突变获得突变型是遗传学研究和育种工作的常用手段。化学诱变剂的诱变机制可以分为三类：第一类是通过化学诱变剂掺入DNA分子引起基因突变；第二类是通过和DNA直接发生化学反应引起基因突变；第三类是通过一对核苷酸的插入或缺失引起突变。本实验的诱变剂亚硝基胍（nitrosoguanidine，NTG）为烷化剂，其诱变作用主要是通过对鸟嘌呤$N-7$位置上的烷化作用（鸟嘌呤其他位置及其他碱基的许多位置也可能被烷化），被烷化的碱基（G）在DNA复制时，偶然与胸腺嘧啶（T）错误配对，由胸腺嘧啶（T）代替胞嘧啶（C）再通过DNA复制，导致碱基转换而造成基因突变。

NTG主要诱发GC－AT的转换。它除有较强的诱变作用外，还能诱发邻近位置基因的并发突变，而且特别容易诱发DNA复制叉附近的基因突变，随着复制叉的移动，它的作用位置也随着移动。

NTG是一种超诱变剂，它的诱发效率可使百分之几十的细菌发生营养缺陷型突变。经NTG处理的细菌不必经过青霉素的浓缩处理，只要通过适当的筛选方法就能检出营养缺陷型。通常，经高效率诱变剂处理，只要有一种有效的筛选方法就可以获得任何突变型。

诱变处理所用的细胞一般为对数生长期细胞。化学诱变剂的使用剂量（以药物浓度表示）通常用杀菌率作为参考。一定的诱变剂剂量对应一定的杀菌率和诱变率。具有较强诱变作用较弱杀菌作用的诱变剂（如烷化剂）可采用较低的使用剂量（约50%的杀菌率）；具有较高杀菌作用的诱变剂如紫外线，一般采用较高杀菌剂量（如90%～99.9%的杀菌率）。诱变剂的诱变作用往往与药物处理时间和温度有关，在设定处理剂量时应予重视。

酵母菌属于单细胞真菌，一部分属于担子菌类，一部分属于子囊菌类。啤酒酵母（又称面包酵母，*Saccharomyces cerevisiae*）属于子囊菌，与其他真菌一样，可以以单倍体或二倍体状态存在。对单倍体菌株进行诱变，获得的隐性突变基因就能直接表现。因此，用酵母菌进行诱变,首先要得到单倍体菌株。

【材料与用品】

1. 材料

啤酒酵母菌单倍体 26-4(来自上海酵母厂);啤酒酵母菌单倍体 143-2(来自上海酵母厂)。

如果没有单倍体菌株,可以利用营养细胞和子囊孢子的耐热性差异进行热处理获得单倍体细胞。方法是,把二倍体营养细胞接种于产孢子培养基的斜面上培养,菌落用 5 mL无菌水制成悬浊液,将此悬浊液浸于 55～60℃恒温水浴中,不断振荡处理约 10 min。热处理时间根据对营养细胞耐热性预备实验而定。一般以 10^6～10^7个营养细胞菌悬液经一定时间处理后,用接种环挑取一环菌液接种于完全培养基平板或斜面,30℃培养 2 d 后,完全不生长或只有 1 或 2 个菌落生长为所需的处理时间。处理后,用自来水迅速冷却,适当稀释涂布于完全培养基平板,30℃培养 2 d 后,用接种环挑取较小的圆锥形菌落镜检,从形态上判断单倍体细胞,再经划线纯化后使用。为了进一步提高可靠性,可接种于产孢子培养基上培养,再经观察是否产孢子确定。在热处理之前先用一定浓度的纤维素酶处理,可以提高获得单倍体细胞的效率。

2. 用具

离心机、显微镜、恒温箱、漩涡混合器。

培养皿(9 cm)、三角瓶(150 mL)、试管、EP 管、移液器(1 mL,0.5 mL)、枪头、玻璃涂棒、接种环、接种针、记号笔、丝绒布。

3. 培养基

(1) 基本培养基:葡萄糖 10 g、$CaCl_2 \cdot 2H_2O$ 0.1 g、KH_2PO_4 0.876 g、$(NH_4)_2SO_4$ 1 g、K_2HPO_4 0.125 g、$MgSO_4 \cdot 7H_2O$ 0.5 g、NaCl 0.1 g、KI 母液 1 mL、微量元素母液 1 mL、维生素母液 1 mL,蒸馏水加到 1000 mL。0.105 MPa 高压灭菌25 min。

碘化钾母液:1 g/L。

微量元素母液:H_3BO_3 10 mg/L、$ZnSO_4 \cdot 7H_2O$ 70 mg/L、$CuSO_4 \cdot 5H_2O$ 10 mg/L、$CoCl_2 \cdot 6H_2O$ 50 mg/L。

维生素母液:维生素 B_1 400 mg/L、烟碱酸 400 mg/L、肌醇 2 g/L、核黄素200 mg/L、对氨基苯甲酸 200 mg/L、吡哆醇 400 mg/L、泛酸 200 mg/L、生物素 30 mg/L。

(2) 固体基本培养基:在上述培养基加 1.5%琼脂即可。

(3) 完全液体培养基:蛋白胨 20 g,酵母浸出汁 10 g,葡萄糖 20 g,蒸馏水1000 mL,pH 6.0,高压灭菌 8 磅 25 min。

(4) 完全固体培养基:在上述培养基加 1.5%琼脂即可。

(5) 产孢子培养基:乙酸钠(CH_3COONa)8.2 g、KCl 1.86 g、吡哆醇母液1 mL、泛酸母液 1 mL、生物素母液 1 mL、琼脂 15 g,加蒸馏水至 1000 mL。

吡哆醇母液:20 mg 吡哆醇/100 mL 水。

泛酸母液:20 mg 泛酸/100 mL 水。

生物素母液:2 mg 生物素/100 mL 水。

(6) 无菌水

(7) 生理盐水(0.85%)

(8) 0.2 mol/L 磷酸缓冲液(pH 6.0)：0.2 mol/L Na_2HPO_4 12.3 mL，0.2 mol/L NaH_2PO_4 87.7 mL。

(9) 浓 NaOH 液：40% NaOH。

(10) 混合氨基酸与维生素：将氨基酸和核苷酸按下列组合分成 7 组，其中脯氨酸易潮解而单独成一组，其余 6 组有 6 种氨基酸(包括核苷酸)等量研细混合。混合维生素成为一组。

Ⅰ：赖氨酸、精氨酸、甲硫氨酸、半胱氨酸、胱氨酸、嘌呤。

Ⅱ：组氨酸、精氨酸、苏氨酸、羟脯氨酸、甘氨酸、嘧啶。

Ⅲ：丙氨酸、甲硫氨酸、苏氨酸、丝氨酸、谷氨酸、天冬氨酸。

Ⅳ：亮氨酸、半胱氨酸、羟脯氨酸、丝氨酸、异亮氨酸、缬氨酸。

Ⅴ：苯丙氨酸、胱氨酸、甘氨酸、谷氨酸、异亮氨酸、酪氨酸。

Ⅵ：色氨酸、嘌呤、嘧啶、天冬氨酸、缬氨酸、酪氨酸。

Ⅶ：脯氨酸。

Ⅷ：混合维生素。

混合维生素配制：维生素 B_1、维生素 B_2、维生素 B_6、泛酸、对氨基苯甲酸(BAPA)、烟碱酸及生物素等量混合研细，配成混合维生素。

4. 诱变剂

亚硝基胍(NTG)是一种超诱变剂，安全操作十分重要，实验操作时应充分注意防护。称量最好在通风橱或密闭箱内进行，操作者戴好橡皮手套和口罩，以防止 NTG 颗粒吹散进入人体。取溶液时，使用移液器吸取含有 NTG 的液体。凡含有 NTG 的器皿和用具都要用浓碱处理。

【实验步骤】

1. 制备菌悬液

1) 将酵母菌单倍体菌株从保存斜面上，用接种环挑转接到盛有 1.5 mL 完全液体培养液的无菌 EP 管中，28～30℃培养 16～18 h，共接 2 支。

2) 将培养后的离心管在旋涡混合器上振荡，使酵母菌充分均匀分散。

3) 将上述菌液离心(3500 r/min，10 min)，倒去上清液，加 1 mL 无菌水制成菌悬液，并存放在 30℃水浴中备用。

2. 活菌计算(用没有经 NTG 处理的菌液作对照)

1) 从 30℃水浴中取出 1 支酵母菌悬液，用生理盐水稀释到 10^{-4}、10^{-5}两种。

2) 从 10^{-4}、10^{-5}稀释液中吸取 0.1 mL 和 0.5 mL 于灭菌培养皿中，各做 2 皿，共 4 皿。

3) 将融化不烫手(45～50℃)的完全固体培养基倒入上述含菌的培养皿中(每皿倒入培养基 15～20 mL)，摇匀，放平凝固，然后放在 30℃恒温箱中培养2 d，计算菌落数。

3. 诱变处理

1) 称取 NTG 1.5 mg 于灭菌的离心管中，然后加入 1 mL 0.2 mol/L 磷酸缓冲液(pH 6.0)，使其完全溶解，并存放在 30℃水浴中备用。注意安全。

2) 从 30℃水浴中取出另 1 支菌悬液(1 mL)，用移液器吸取 NTG 溶液0.2 mL加入 EP 管中，枪头弃到浓 NaOH 溶液中，漩涡混合器混匀，立刻放入 30℃水浴中，同时计时，

30 min 后取出，立即离心(3500 r/min)10 min，将上清废液倒入浓 NaOH 溶液中，加 1 mL 生理盐水，打匀菌块，再离心(3500 r/min)10 min 一次进行洗涤，倒去废液，加 1 mL 无菌水制成菌悬液。

3) 将熔化的完全培养基倒入灭菌培养皿中(每皿 15～20 mL)，放平凝固，共 20 皿。

4) 用生理盐水将经 NTG 处理过的菌液稀释为 10^{-3}(希望每只培养皿中长 50～100 个菌落，与第一只管的测试结果对应)，吸取 0.1 mL 和 0.05 mL 于上述预先倒好的培养皿中，各倒 10 个皿。

5) 用灭过菌的玻璃涂棒将菌液涂匀，30℃恒温培养 3～4 d，计算活菌数。

6) 计算杀菌率及存活率(从诱变组中选择不污染、菌落分布均匀、菌数适中的培养皿留作下步影印备用)。

4. 影印

1) 准备好影印用丝绒布(高压灭菌、干燥箱内烘干备用)。

2) 将一定数量的母平板和预先准备好的基本培养基及完全培养基平板，以一个母平板、一个基本培养基平板、一个完全培养基平板作为一组，每组编号，并在每个平板的底部用记号笔画上箭头作为标记，以作为区分菌落的标准位置。

3) 将灭菌的丝绒布放在圆木柱(或纸筒)上，用橡皮筋扣住(注意绒面不能用手摸)，先取母平板倒覆在绒面上，然后用铅笔轻轻在皿底上均匀地敲几下，取下母平板，立即把基本培养基平板(MM 平板)按箭头标记的相同方向复印上去(方法同上)，取下 MM 平板，再把完全培养基平板(CM 平板)也按上述同样方法复印，然后放在 30℃恒温箱内培养 2～3 d。母平板保存在冰箱内，影印转接见图 12-1。

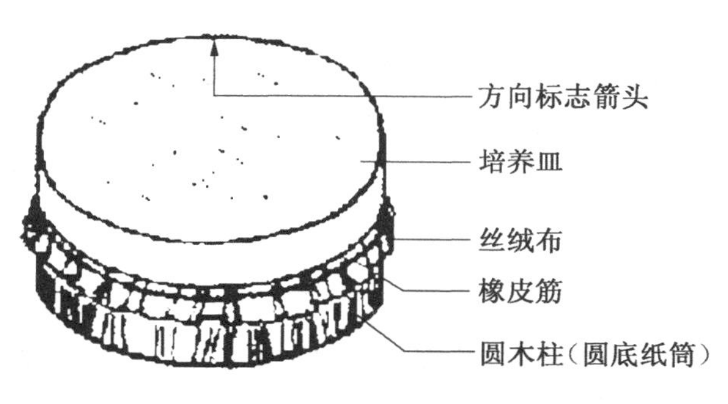

图 12-1　影印转接示意图

5. 点种复证

1) 将每组复印的平板按箭头标记的同一方向进行比较，找出 CM 平板上生长而 MM 平板上不生长的相应菌落，用记号笔在相应位置的母平板上做上记号，并编号，以便进一步复证。

2) 准备 MM 平板和 CM 平板，每个皿可划 50 个格子。平板数量可根据编号菌落多少而定。

3) 用灭菌牙签或接种针从母板上挑取已编号的单菌落，按顺序在 MM 和 CM 平板上的相应位置上点种，点毕，30℃恒温箱中培养 2～3 d。

4) 从温箱中取出培养皿，用接种环挑取确实只能在 CM 上生长、在 MM 上不生长的单菌落接种于 CM 斜面，30℃恒温箱中培养 2 d 后放冰箱保存供生长谱鉴定用。

6. 生长谱鉴定

1) 将可能是缺陷型的菌落接种于盛有 1 mL 完全培养液的 EP 管中，30℃培养 2～3 d。然后 3500 r/min 离心 10 min，倒去上清液，打匀沉淀，然后离心洗涤 3 次，最后加生

理盐水到原体积。

2) 用移液器取菌液 0.2 mL 注入一个灭菌培养皿中,然后倒入熔化后冷却至 40～50℃的基本培养基摇匀放平,待凝,共做 2 皿。

3) 把两只培养皿的皿底等分 8 格,依次放入混合氨基酸、混合维生素和脯氨酸。加量要很少,否则会抑制菌的生长。然后在 30℃温箱中培养 48～72 h 观察生长圈,在相应补充物的周围会出现菌落生长,由此确定是哪种营养缺陷型。

7. 将实验结果填入表 12-1

表 12-1 NTG 诱变结果

处理	皿数	稀释	取样	活菌总数		存活菌数		突变型数		杀菌率	诱变率
				菌数/皿	菌数/mL	菌数/皿	菌数/mL	菌数/皿	菌数/mL		
对照	4	10^{-4}	0.1								
			0.05								
		10^{-5}	0.1								
			0.05								
NTG 处理	20	10^{-3}	0.1								
			0.05								

【实验报告】

1. 就实验过程和实验结果作出报告,写明注意事项。
2. 影响实验结果的主要因素有哪些?

(任少亭 赵建萍)

实验 13 大肠杆菌(*E. coli*)的杂交

【实验目的】

1. 了解 *E. coli* F 因子的性质及作用。
2. 掌握 *E. coli* 杂交、遗传重组的原理。
3. 学习 *E. coli* 杂交的方法。

【实验原理】

Lederberg 和 Tatum 于 1946 年选用大肠杆菌的双重和三重缺陷型菌株,在简单的合成培养基上混合培养,使细菌杂交获得成功,并说明了细菌的基因重组是不同基因型的细菌经接触、接合后随之发生交换的结果。

Hayes 于 1952 年利用 *E. coli* 营养缺陷型和抗生素抗性突变型进行正反杂交,发现了 *E. coli* 的致育因子(fertility factor,称 F 因子)。根据 F 因子的有无,*E. coli* 可分为 F^+ 和 F^- 两类。带有 F 因子的细菌表面具有一种称为性伞毛的毛状突起,长 1～20 μm。性伞毛上有雄性专一噬菌体(MS2、K17、f_2、QB 等)的吸附位点,又和细菌的结合有关。F 因子在细胞中能以两种状态存在,即游离状态或整合到寄主染色体的一定位置上,从而使带有 F 因子的细菌分为 F^+ 和 Hfr 两类菌株。

E. coli 杂交在 F^+ 和 Hfr 与 F^- 菌株之间进行,通过细胞的暂时沟通,形成局部合子。在部分合子形成中,提供部分染色体或少数基因的菌株称为供体菌,而提供整个染色体的菌株称为受体菌。所以说,F^+ 和 Hfr 是供体菌,F^- 是受体菌。

F^+ 和 Hfr 菌株都能与 F^- 杂交,但两种杂交组合的结果不同,主要表现在:① Hfr和 F^- 杂交后 F^- 细菌性质不变,而 F^+ 和 F^- 杂交后 F^- 转变为 F^+(约 70%);② F^+ 和 F^- 细菌杂交重组频率为 10^{-6},而 Hfr 和 F^- 杂交重组频率为前者的几百倍,故称为高频重组。究其原因,主要是在 F^+ 中,F 因子独立于染色体之外,呈游离状态,它的高频转移与供体菌染色体基因的转移没有关系;但在 Hfr 中,F 因子是整合在染色体的一定部位上,转移时由 F 因子内的原点作起点,此时,F 因子被割裂,F 因子的一部分基因首先进入受体菌,另一些却留在了最后。在这类杂交中,供体染色体上的一些基因随原点很容易转移到受体菌中,但只有杂交过程足够长时,供体细胞中 F 因子的后一部分方能进入受体细胞,受体细胞才能由 F^- 变为 Hfr。

细菌杂交实验的方法有多种,在此介绍直接混合培养法和液体培养法。前者操作简单,适于确定两个菌株能否杂交或测定重组频率;后者适于细菌的基因定位。

【材料与用品】

1. 材料

E. coli 的 4 个菌株,即 K_{12}Pro(λ)F^+、W1485His Ile F^+、W1177Thr Leu Thi Xyl Gat Ara Mtl Mal Lac Str^r(λ)F^- 和 Hfr C Met Trp。

2. 用具及药品

(1) 用具:灭菌的培养皿(9 cm)、三角瓶(150 mL)、吸管(1 mL、5 mL、10 mL)、离心管、试管等。

(2) 培养基

1) 基本培养基　Vogel 50×、$MgSO_4 \cdot 7H_2O$ 10 g、柠檬酸100 g、$NaNH_4HPO_4 \cdot 4H_2O$ 175 g、K_2HPO_4 500 g($K_2HPO_4 \cdot 3H_2O$ 644 g),配好后放入冰箱保存备用。此配好的培养基浓度为使用浓度的 50 倍。

将称好的药品分别溶解于 670 mL 蒸馏水中,待一种药品溶解后再放另一种药品,直至全部药品都溶解,然后加水定容到 1000 mL。

2) 平板用基本培养基　2 mL Vogel 50×、葡萄糖 2 g、琼脂 2 g、蒸馏水98 mL,pH 7.0,0.056 MPa 高压灭菌 30 min。

3) 液体完全培养基(肉汤培养基)　牛肉膏 0.5 g、蛋白胨 1 g、NaCl 0.5 g、蒸馏水 100 mL,pH 7.2,0.105 MPa 高压灭菌 15 min。

4) 半固体培养基　琼脂 0.7~1 g、蒸馏水 100 mL,pH 7.0,0.105 MPa高压灭菌 15 min。

【实验步骤】

1. 菌液制备

1) 实验前 14~16 h,从冰箱保存的菌种斜面挑取少量菌种转接于盛有 5 mL 完全液体培养基的三角瓶中,每一菌株接一瓶,置 37℃培养过夜。

2) 取出培养过夜的细菌,在一瓶 W1177 中加入 5 mL 新鲜的完全培养液,摇匀后等量分为 2 瓶。其余 3 瓶分别用 5 mL 吸管各吸出 2.5 mL,然后各加入2.5 mL新鲜完全培

养液，充分摇匀。各菌液均置37℃恒温摇床继续培养3～5 h。

3）自温箱取出三角瓶，分别倒入离心管，W1177菌株倒两只离心管，其余菌株各倒入1支离心管，离心沉淀，3500 r/min，离心10 min。离心后，弃去上清液，加无菌水悬浮菌体，同样方式离心洗涤3次，最后加无菌水至原体积。

2. 杂交（混合培养）

1）取12支灭菌试管，每支吸入3 mL经融化的半固体培养基，在45℃条件下保温。

2）12支试管分为3个杂交组合，即W1177×K_{12} Pro、W1177×W1485、W1177×HfrC。每个组合4支试管，其中2支作为对照，2支作混合菌液杂交用。向对照组试管中吸加供体F^+或Hfr菌液1 mL，其余按杂交组合各吸加供体菌和受体菌0.5 mL，充分混匀。

3）将各试管中含菌的半固体倒在有Vogel培养基的平板上，摇匀待凝，置37℃条件下培养，48 h后观察。

【注意事项】

1. *E. coli* 中除了不同型细胞结合外，同型细胞F^+与F^+和Hfr与Hfr也能接合，但重组频率很低。这主要是由于F因子是细胞壁抗F原发生变化，不同于F性菌毛的表面成分阻止了F^+与F^+细胞之间的杂交。

2. 带有F因子的 *E. coli* 有F^+和Hfr两类，实际上并不是所有的Hfr都很稳定，在许多Hfr群体中有回复子。在这些回复子中，F因子不再整合到染色体上，而是重新游离出来。重新游离的F因子往往带有细菌染色体上的基因，如 *iac* 和 *gal* 等基因，称为F′因子。带有F′因子的菌株也能和F^-杂交。

3. 实验过程中的全部操作均应为无菌操作，尽量避免杂菌污染，用过和无用的菌液均应灭菌后再倒掉。

【实验报告】

1. 将实验结果填于下表，并对实验结果进行分析。

皿号	组合	重组子数			皿号	组合	对照		
		W1177×K_{12}Pro	W1177×W1485	W1177×HfrC			W1485	HfrC	K_{12}Pro

2. 如何用 *E. coli* 杂交进行基因定位？

（赵建萍　李金莲）

实验14　细菌的局限性转导

【实验目的】

1. 学习并初步掌握转导实验的基本方法。

2. 深刻理解转导的基本原理。

【实验原理】

由噬菌体将一个细菌的基因转移到另一个细菌的过程称为转导。转导不仅是细菌获得外源基因,从而改变自身遗传性状的一条途径,而且是一种有效的遗传分析实验手段。大肠杆菌(*E. coli*)局限性转导,在分子遗传学实验中占有重要的地位,同时也是基因工程和基因精细结构分析的基本技术之一。

转导可分为两大类,一是普遍性转导,即可转导供体菌染色体的任何片段。二是局限性转导,只能转导供体菌的某些特定染色体片段。局限性转导中常用的是λ噬菌体,它侵染 *E. coli* 后能整合到 *E. coli* 染色体上半乳糖基因(*gal*)和生物素基因(*bio*)之间,因此,能特异性地转导 *gal* 或 *bio* 基因。

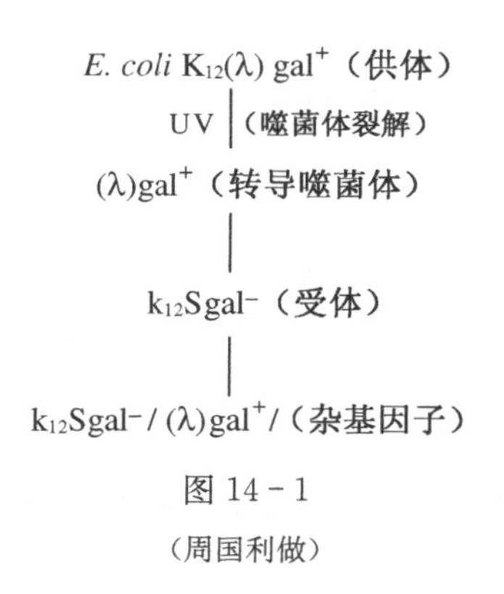

图 14-1

(周国利做)

本实验采用的供体菌株是 *E. coli* $K_{12}(\lambda)gal^+$。当此菌受紫外线诱导后,原噬菌体被释放出来,其中有一定比例的噬菌体在切离过程中会携带邻近的半乳糖发酵基因,这种噬菌体被称为转导噬菌体(即 λdg gal^+)。当转导噬菌体(λdg gal^+)感染受体菌 *E. coli* $K_{12}gal^-$ 时,产生转导子 λdg gal^+ gal^-(不稳定)和 gal^+(稳定)(图 14-1)。

半乳糖 EMB 培养基是一种含有伊红和亚甲蓝两种指示剂的培养基,在加有半乳糖的条件下,可以用来鉴别半乳糖基因是野生型还是缺陷型。该培养基中生长的 gal^+ 细菌为深紫色,并带有金色光泽,而 gal^- 细菌为白色。

【材料与用品】

1. 材料

供体菌株 *E. coli* $K_{12}(\lambda)gal^+$(大肠杆菌 K_{12} 带有整合在半乳糖基因旁的λ原噬菌体溶源菌),受体菌株 *E. coli* $K_{12}Sgal^-$(大肠杆菌 K_{12} 染色体上半乳糖基因缺陷)。

2. 用具及药品

(1) 用具:小型离心机、紫外线照射箱、培养皿(9 cm)、三角瓶(150 mL)、吸管(1 mL、5 mL、10 mL)、离心管、试管(15 cm×1.5 cm)、玻璃涂棒、滴管。

(2) 药品:氯仿、磷酸缓冲液(KH_2PO_4 2 g、K_2HPO_4 7 g、$MgSO_4 \cdot 7H_2O$ 0.25 g、蒸馏水1000 mL,0.105 MPa 高压灭菌 15 min)、生理盐水(NaCl 8.5 g、蒸馏水1000 mL,0.105 MPa 高压灭菌 15 min)。

(3) 培养基

1) 肉汤液体培养基　牛肉膏 5 g、蛋白胨 10 g、NaCl 0.5 g、蒸馏水 1000 mL,pH 7.0~7.2,0.105 MPa 高压灭菌 15 min。

2) 加倍肉汤液体培养基(2E)　牛肉膏 0.5 g、蛋白胨 1 g、NaCl 0.5 g、蒸馏水 50 mL,pH 7.0~7.2,0.105 MPa 高压灭菌 15 min。

3) 肉汤半固体培养基　肉汤液体培养基中加 1%的琼脂。

4) 肉汤固体培养基　肉汤液体培养基中加 2%的琼脂。

5) 半乳糖 EMB 培养基　伊红 Y 0.4 g、亚甲蓝 0.06 g、半乳糖 10 g、多胨 10 g、K_2HPO_4 2 g、琼脂 20 g,蒸馏水 1000 mL,pH 7.0~7.2,0.056 MPa 高压灭菌25 min。

6) Vogel 50×基本培养基(浓缩 50 倍的基本培养基)　$MgSO_4 \cdot 7H_2O$ 10 g、柠檬酸

100 g、$NaNH_4HPO_4 \cdot 4H_2O$ 175 g、K_2HPO_4 500 g、蒸馏水定容1000 mL，配好后放冰箱备用。

7) 半乳糖基本固体培养基　2 mL Vogel 50×、半乳糖 2 g、优质琼脂粉 1.8 g、蒸馏水 98 mL，pH 7.0，0.056 MPa 高压灭菌 25 min。

【实验步骤】

1. 噬菌体的诱导和裂解液的制备

(1) 供体菌的活化与培养：取一环供体菌，接种于盛有 5 mL 肉汤液体培养基的三角瓶中，在 37℃条件下培养 16 h 后，吸 0.5 mL 菌液接种于盛有 4.5 mL 肉汤液体培养基的三角瓶中，继续培养 4～6 h。

(2) 制备悬浮液：将三角瓶中菌液倒入离心管，以 3500 r/min 离心10 min，这样反复洗 3 次，制备成悬浮液。

(3) 诱导裂解：取悬浮液 3 mL 于培养皿中，经紫外线(UV)处理(15 W，距离40 cm)，诱导10～20 s。

(4) 避光培养：UV 处理后，加入 3 mL 2E 肉汤液体培养基，在 37℃条件下避光培养 2～3 h。

(5) 制备裂解液：吸取培养物于离心管中，以 3500 r/min 离心 10 min，吸取上清液，再加入0.21 mL氯仿(4～5 滴)剧烈振荡 30 s，静置 5 min，把上清液用无菌吸管转移到另 1 支试管，就制成噬菌体(λ)gal^+ 的裂解液。

2. 噬菌体的效价测定

(1) 受体菌的活化与培养：挑取一环受体菌，接种于盛有 5 mL 肉汤的离心管中，在 37℃条件下避光培养 16 h。然后从受体菌培养液中吸取 0.5 mL，放入盛有 4.5 mL 肉汤液体培养基的三角瓶中，继续培养 4～6 h，作指示菌用，剩余的菌液用于点滴法转导实验，随即放入冰箱中保存，供涂布转导实验用。

(2) 双层培养测效价

1) 取已经融化并于 45℃保温的半固体琼脂试管 4 支，每支加上述的指示菌液 0.5 mL。

2) 取噬菌体裂解液 0.5 mL，放入盛有 4.5 mL 肉汤液体培养基的试管中，依次稀释到 10^{-6} 与 10^{-7}。

3) 从稀释的 10^{-6}、10^{-7} 试管中分别吸取 0.5 mL 裂解液，加到有指示菌的半固体琼脂中(每个稀释做成 2 支)，摇匀，分别倒入备好的肉汤固体培养皿中，摇匀，待凝固 37℃培养过夜，观察出现的噬菌斑数，并计算噬菌体裂解液效价。

效价(单位/mL)＝两培养皿中平均斑数×稀释倍数×取样量折算数。

3. 转导

(1) 点滴法

1) 取倒好的 EMB 培养基培养皿 2 只，在皿底用玻璃铅笔按图 14－2 所示画好。

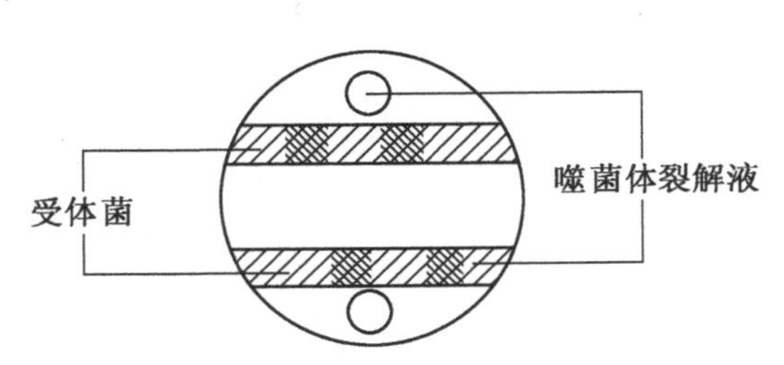

图 14－2　点滴转导涂皿法

(引自河北师范大学等，1982
或傅焕延等，1987)

2) 取一满环受体菌,涂出一条菌带,共涂两条,在 37℃条件下培养1.5 h。

3) 取出培养皿,在两个圆圈和 4 个方格处,各加一环噬菌体裂解液,两个圆圈作为对照,4 个方格作为转导处理,培养 2 d,观察结果。

(2) 涂布法

1) 取倒好的 EMB 培养基培养皿 6 只,其中 2 只加 0.1 mL 噬菌体裂解液,用于对照;2 只加 0.1 mL 受体菌,也用于对照,另 2 只加入噬菌体裂解液和受体菌液各0.05 mL。

2) 用玻璃涂棒将各皿上的菌液(或噬菌体裂解液)涂开,相同的两只培养皿用一根玻璃涂棒,在 37℃条件下培养 2 d,观察结果。

【实验报告】

1. 按下表要求观察记录数据,并分析实验结果。

噬菌体效价测定

噬菌体来源	裂解液稀释度	取样/mL	噬菌斑数/皿	噬菌斑数/mL
噬菌体(λ)裂解液	10^{-6}	0.5		
	10^{-7}	0.5		

细菌转导结果记录表

转导实验	点滴法			涂布法		
	受体菌	噬菌体裂解液	受体菌+噬菌体裂解液	受体菌	噬菌体裂解液	受体菌+噬菌体裂解液
菌落生长情况						
菌落色泽						

2. 在做局限性转导实验中应注意哪些问题?为什么?

3. 一般性转导和局限性转导有哪些不同?

(赵建萍)

第四章　数量和群体遗传学

实验 15　人类 ABO 血型的群体遗传学分析

【实验目的】

1. 了解人类 ABO 血型的遗传特征，掌握 ABO 血型的鉴定方法。

2. 通过实验，熟悉基因频率的分析计算方法，加深对群体遗传学中遗传平衡定律的认识。

【实验原理】

人类的 I^A、I^B、i 三个复等位基因决定着红细胞表面抗原的特异性，具有其中任意两个就会表现出一定的血型，ABO 血型系统的 4 种表型和可能的基因型见表 15-1。

表 15-1　ABO 血型遗传特征

表　型	基　因　型	红细胞膜上的抗原	血清中的天然抗体
A	I^AI^A, I^Ai	A	(β)抗 B
B	I^BI^B, I^Bi	B	(α)抗 A
AB	I^AI^B	A、B	—
O	ii	—	(β)抗 B、(α)抗 A

A 抗原只能和抗 A 结合，B 抗原只能和抗 B 结合。因此，可以利用已知的 A 型标准血清（即 A 型人的血清，也称抗 B 血清）和 B 型标准血清（即 B 型人的血清，也称抗 A 血清）来鉴定未知血型。

两种标准血清内所含每一种抗体将凝集含有相应抗原的红细胞。因此，一种血液其红细胞在 A 型标准血清中发生凝集者为 B 型，在 B 型血清中凝集者为 A 型，在两种标准血清中都凝集者为 AB 型，在两种标准血清中都不凝集者为 O 型。

实验常用的方法有试管法和玻片法。试管法的优点是敏感，较少发生假凝集。玻片法则简便易行，但玻片法如控制不好，易发生不规则的凝集现象。

在随机婚配的理想群体中，人类的 I^A、I^B、i 基因频率及其可能的 6 种基因型频率的 Hardy-Weinberg 平衡由下列三项式所决定：

$$[p(I^A)+q(I^B)+r(i)]^2 = p^2(I^AI^A)+q^2(I^BI^B)+r^2(ii)+2pq(I^AI^B)$$
$$+2pr(I^Ai)+2qr(I^Bi)=1$$

根据 4 种血型表型的观察频率 W（O 血型的表型观察频率）、X（A 血型的表型观察频率）、Y（B 血型的表型观察频率）、Z（AB 血型的表型观察频率）计算基因 i、I^A、I^B 频率的公式如下：

$$r(i)=\sqrt{r^2}=\sqrt{W}$$

$$p(I^A)=1-(q+r)=1-\sqrt{(q+r)^2}=1-\sqrt{q^2+2qr+r^2}=1-\sqrt{Y+W}$$

$$q(I^B)=1-\sqrt{X+W}$$

【材料与用品】

1. 材料

参试人员的耳垂或指端毛细血管血液两滴。

2. 用具及药品

显微镜、载玻片、抗 A、抗 B、消毒药棉、70%乙醇、一次性采血针、计算器。

【实验步骤】

1. 准备载玻片

取一洁净的双凹玻片(或在普通载玻片玻璃上用蜡笔划出方格代替),两端上角分别用记号笔或胶布注明 A 和 B 及受试者姓名,然后分别用吸管吸取 A 和 B 型标准血清各一滴,滴入相应凹面(或方格)内。

2. 采血

用 70%酒精棉球消毒受试者的耳垂或指端,待乙醇风干后,用无菌的采血针刺破皮肤,用吸管取 1～2 滴血放入盛有 0.3～0.5 mL 生理盐水的青霉素小瓶中,用吸管轻轻吹打成约 5%的红细胞生理盐水悬液。

3. 滴片

在载玻片的每一凹格(或方格)内分别滴一滴制好的红细胞悬液(注意滴管不要触及标准血清),然后立即用牙签或小玻棒分别搅拌液体,使血细胞和标准血清充分混匀。

4. 观察

在室温下每隔数分钟轻轻晃动载玻片几次,以加速凝集,等 10～30 min 后观察有无凝集现象。若混匀的血清由混浊变为透明,出现大小不等的红色颗粒,则表明无凝集现象;若观察不清可用显微镜的低倍镜观察;若室温过高,可将载玻片放于加有湿棉花的培养皿中以防干涸;若室温过低,则将载玻片置于 37℃恒温箱中,以促其凝集。

5. 判断

根据 ABO 血型检查结果,判断血型。

血　型	抗 A 试剂	抗 B 试剂
A	+	−
B	−	+
O	−	−
AB	+	+

注:+表示凝集反应;−表示无凝集反应

6. 统计与计算

统计 4 种血型表型的观察频率,计算基因 i 及 I^A、I^B 的频率,进一步估算群体的基因型频率并做 χ^2 检验。

【注意事项】

1. 标准血清必须有效。

2. 红细胞悬液不宜过浓或过稀。

3. 反应时间及温度要适中，应注意辨别假阴性和假阳性。

【实验报告】

1. 根据凝集反应判断自己的血型。

2. 将全部同学的血型做统计分析，计算群体的基因频率，进一步估算群体的基因型频率并做 χ^2 检验。该群体是否为平衡群体？如何解释结果？

【思考】

1. ABO 血型系统是人类最重要的血型系统。据报道，O 型血广泛分布于世界各地，尤其在中、南美洲印第安人及北美的大部分地区频率达 100%，世界其他各地也达 50%左右。B 型在亚洲分布广泛，印度北方最高，达 40%，美洲印第安人种及澳大利亚人种中没有 B 型血，在非洲和欧洲频率较低(15%)。这种不同地区、不同人种之间血型表现不同的可能原因是什么?

2. 怎样理解 Hardy-Weinberg 定律的普遍意义?

(刘　梅　刘林德)

实验 16　人类对苯硫脲尝味能力的遗传分析

【实验目的】

1. 通过对某一群体尝苦味能力的测试与分析，学习人类群体遗传调查的基本方法，认识人体对 PTC 敏感性的遗传特征。

2. 利用 Hardy-Weinberg 遗传平衡定律计算该群体中控制 PTC 味觉的基因频率和基因型频率；检验该群体 PTC 味觉基因是否处于遗传平衡状态。

【实验原理】

苯硫脲(phenylthiocarbamide，PTC)是一种白色结晶状有机化合物，密度1.3 g/cm³，因具有硫化酰胺基而呈苦味。1931 年，Fox 发现某些人对 PTC 有苦味感，而某些人则无苦味感，从而将人类分为 PTC 尝味者(taster)与非尝味者(non-taster)。

经典的遗传学理论认为，人类的 PTC 尝味能力是一种受单基因控制的 Mendel 式遗传性状，此性状属于常染色体不完全显性性状。基因型为 *TT* 的人尝味能力高，能尝出 1/6 000 000～1/750 000 mol/L 的 PTC 溶液的苦味；基因型为 *Tt* 的人尝味能力较低，只能尝出 1/380 000～1/48 000 mol/L 的 PTC 溶液的苦味；基因型为 *tt* 的人只能尝出 1/24 000 mol/L以上 PTC 浓度的苦味。有些个体甚至尝不出 PTC 结晶的苦味，这一类个体在遗传学上称为 PTC 味盲。隐性基因(*tt*)频率在不同人群、不同民族间是不同的。而且，PTC 尝味与某些疾病，如甲状腺肿、糖尿病、青光眼、呆小病、慢性消化溃疡、抑郁症乃至某些癌症等有某种关系。

近年，在大量的(100～200 个)家庭成员中，以阈值法(threshold method)对 PTC 苦味敏感性进行测量的结果表明,人类对PTC溶液由极不敏感到极其敏感表现为连续的数量变异。PTC尝味敏感性表现双峰分布特征,呈现出复杂性状的遗传模式,即PTC尝味能力并非简单的Mendel式遗传。PTC溶液浓度可以用某一阈值(如稀释液浓度编号6.5处)为临界点,将尝味者与非尝味者(两种不同表型)区分开,但潜在的对PTC的敏感性的分布是连续的数量性状。研究者已经鉴定出,在尝苦味细胞中表达的*TAS2R*基因,是苦味受体基因家族中的成员,由它决定了该数量性状的遗传。数量性状基因座(QTL)的定位研究表明,其主要的基因座在7q3,次要的基因座在16p。

为了排除人为因素的干扰,避免受试者的心理作用和主观意念给实验结果带来不可靠性,本实验采用盲阈值法(blind threshold method)测定每个个体对PTC敏感性的阈值。"盲"指的是实验者不告知受试者所品尝的是何种溶液,使受试者在完全不知情的状态下,真实地说出品尝结果。"阈值"是指对多基因决定的数量性状,区分不同表型时的某种潜在的连续分布中的临界值。

【材料与用品】

苯硫脲(PTC)结晶(可用丙基硫尿嘧啶替代)2~5 g、蒸馏水、细口瓶(500 mL)、广口瓶(500 mL)、容量瓶(500 mL、1000 mL)、烧杯(1000 mL)、量筒(500 mL)、一次性细长塑料滴管、天平、眼罩(或5 cm×40 cm黑色布条)等。

【实验步骤】

1. PTC溶液的配制

取PTC结晶1.3 g用蒸馏水制成0.13%的1号原液,置原液于1000 mL容量瓶,在60℃水浴中1 h充分溶解,然后倒入500 mL容量瓶中成为1号液;将倒出500 mL原液的1000 mL容量瓶中再加入蒸馏水至1000 mL,充分混合,再倒入另一500 mL容量瓶中作为2号液;这样用容量瓶依次倍比稀释,共配制14种浓度(mol/L),如下表。

编号	浓度/(mol/L)	基因型	编号	浓度/(mol/L)	基因型
1号	1/750	*tt*	8号	1/96 000	*Tt*
2号	1 /1 500	*tt*	9号	1/192 000	*Tt*
3号	1/3 000	*tt*	10号	1/380 000	*Tt*
4号	1/6 000	*tt*	11号	1/750 000	*TT*
5号	1/12 000	*tt*	12号	1/500 000	*TT*
6号	1/24 000	*tt*	13号	1/3 000 000	*TT*
7号	1/48 000	*Tt*	14号	1/6 000 000	*TT*

2. 测试步骤

1) 受试者坐于椅子上,仰头张口。提前准备几盒已灭菌的1 mL移液器枪头,测试者用移液器取定量(500~1000 μL)14号溶液,利用枪头压力将溶液喷至受试者舌根部,令其徐徐咽下品味,然后再用蒸馏水做同样的实验。为避免心理因素干扰,受试者在接受测试时需背对试剂架,测试者必须将试剂瓶标签掩盖于手掌中;或做一长方形不透明玻璃盒将蒸馏水与PTC溶液试剂瓶放入。

2) 询问受试者能否鉴别此两种溶液的味道。若不能鉴别或鉴别不准,则依次用13号、12号……溶液重复实验,直至能鉴别出PTC的苦味为止。

3) 当受试者鉴别出某号溶液时,应当用此号溶液与蒸馏水交替测试,重复三次,三次结果相同时,方可采信,并记录首次尝到 PTC 苦味的试剂浓度等级号。如果受试者尝到 1 号液仍尝不出苦味,则其尝苦味浓度等级定为<1 号。

4) 用蒸馏水漱口。

3. 实验结果的统计与分析

根据受试者最初觉察苦味溶液的编号,查出相应的基因型。详记实验结果,填入下表中。各组数据相加计算各基因型频率与基因频率。也可以作一 PTC 味觉-人数分布图。

基因型	*TT*	*Tt*	*tt*
人　数			

【注意事项】

1. 本次实验可能由于受试者的人为原因造成实验结果误差,如心理因素、对苦味的定义不一致及个人身体状况等。

2. 因为不能保证受试群体中无选择、无突变和无迁移发生,受试群体的基因型频率与基因频率可能不一定符合遗传平衡定律的要求。

3. 为减少误差,受试者应事先漱口。

【实验报告】

1. 计算该测试群体 PTC 味觉的基因频率和基因型频率。

2. 利用 Hardy-Weinberg 定律检验特定群体 PTC 味觉基因是否处于遗传平衡状态。

【思考】

PTC 尝味能力在不同人群、不同民族间是不同的,原因是什么?

(冯　磊　刘林德)

第二部分

综合性实验

实验 17 植物有性杂交技术

【实验目的】

在对常见植物(农作物、实验植物)的生育过程进行观察的基础上,进行人工授粉完成植物的杂交过程。

【实验原理】

基因型不同的生物个体之间相互交配的过程称为杂交。植物的交配是通过传粉受精完成的,供给花粉的植株称为父本,接受花粉的植株称为母本。无论是自花授粉的植物还是异花授粉的植物,都可以通过控制授粉而进行人工有性杂交。人工有性杂交技术是遗传学研究的一种重要方法。

人工有性杂交技术是人工创造植物新的变异类型的最常用的方法,是现代作物育种的有效方法之一。通过有性杂交方式可以重新组合亲本的基因,借以产生亲本各种性状的新组合,从中选择出人们所需要的基因型,从而培育出对人类有利的新品种或新物种。植物的有性杂交分为近缘杂交和远缘杂交,近缘杂交是指同一物种内不同基因型个体的杂交,远缘杂交是跨越包括亚种、种、属、科甚至更远的亲缘关系的个体之间的杂交。品种间的杂交为同种内的近缘杂交,品种间具有相同的遗传物质基础,因此容易获得成功。远缘杂交可以扩大栽培植物的种质库,把有益的基因重新组合到新(品)种中,使之产生新的有益性状,并丰富植物的基因型。远缘杂交由于存在着染色体的异源性,往往不易获得成功,出现杂种夭亡、结实率低甚至不育的情况。并且,杂种分离强烈,中间类型不稳定,因而增加了杂交获得稳定遗传个体的复杂性和困难。

本实验给出了常见的具有代表性的植物如小麦、拟南芥、玉米和栽培棉的参考发育指标,为实验提供一定的基础知识,进而指导人工授粉,完成人工杂交过程。

1. 小麦的开花生物学

(1) 花器构造:小麦为复穗状花序,由穗轴和若干小穗组成,小穗排成两行,相互交错着生在穗轴节片上,穗轴两端着生的小穗较小,且易不孕,中部小穗较大且易结实。每个小穗有 2 个护颖、几朵无柄小花,第一、第二朵小花发育较大、结实,上部小花较小,常因缺乏营养而不结实。小花有内外颖包被,花内有雄蕊 3 枚,雌蕊 1 枚。雄蕊分花丝、花药两部分,花丝很细,花药两裂,未成熟时为黄色。雌蕊分柱头、花柱、子房 3 部分,柱头成熟时呈羽状分叉,子房倒卵形,子房靠外颖的一侧下部有两片很小的鳞片,开花时吸水膨大,使内外颖张开(图17-1)。

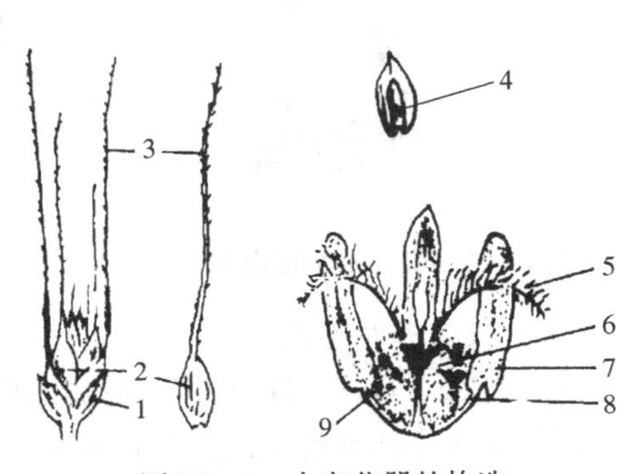

图 17-1 小麦花器的构造

1. 护颖;2. 外颖;3. 芒;4. 内颖;5. 柱头;6. 子房;7. 花药;8. 花丝;9. 鳞片

(引自邱奉同和刘林德,1992)

(2) 开花习性:小麦在抽穗 3~5 d 即开始开花,一天中有两个开花高峰期,分别在上午和下午,各地时间不一,如北京地区为上午 9~11 时、下午 3~4 时。其开花顺序是:就全株来说,主茎穗的花先开,然后按分蘖的先后顺序开花;就一穗来说,中部的3~5个小穗先开花,渐次向上部和基部的小穗发展;每个小穗的第一小花先开,然后是第二、第三朵花开放。一朵花从开到闭的时间为10~30 min,一个穗子的花期为5~7 d,通常在第三、第四天花最多,为盛花期。

小麦开花受温度、湿度影响较大。开花的最低温度为9~11℃,最适温度为18~22℃。温度超过30℃、雨水过多、日照不足,均对开花不利,尤其是高温干燥,不仅会缩短开花时间,降低花粉和柱头的生活力,而且会破坏受精过程的正常进行。

(3) 授粉与受精过程:小麦是自花授粉作物,授粉后外颖、内颖就闭合起来,如果没有授粉,内、外颖则不关闭,一直处于开张状态。有的小麦品种闭颖授粉,即不待颖张开即行授粉。柱头在正常情况下保持受精能力时间较长,可达7~8 d,不过一般在3~4 d后生活力即行降低。花粉保持生活力的时间较短,在散粉半小时后即由鲜黄色变为深黄色,这时就有一定数量的花粉死亡,因此,延迟授粉或用不新鲜的花粉授粉,结实率就会降低。

2. 拟南芥的生物学特性

拟南芥(*Arabidopsis thaliana*)为十字花科拟南芥属植物。株高15~30 cm,随生长环境或培养条件变化。基生叶多数,长圆形或椭圆形,呈莲座状排列;茎生叶具短柄或无柄(图17-2)。总状花序顶生,花有4个萼片、4个花瓣,花瓣白色;雄蕊6枚,包括4个中部长一点的雄蕊和2个侧面短的雌蕊,花药黄色;雌蕊圆柱状,位于花的中部,由两个心皮组成(图17-3)。拟南芥是一种长日照植物,日照10h条件下,拟南芥只进行营养生长,且其莲座叶生长很快,而在12h条件下培养,其莲座叶不再生长,而是抽薹开花。在自然条件下,拟南芥是典型的自交繁殖植物,这使得拟南芥在种植繁种过程中得以保持其遗传上的稳定性。同时在实验过程中,根据研究目的又可方便地实施人工杂交,使得遗传分析工作很容易完成。拟南芥是进行遗传学研究的好材料,被科学家誉为“植物中的果蝇”。

图17-2 模式植物拟南芥

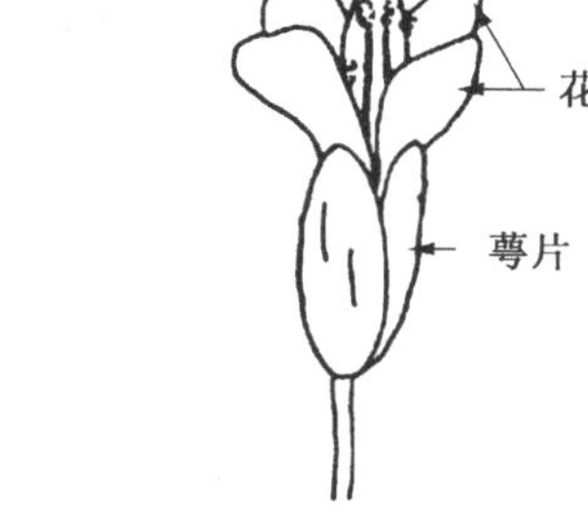

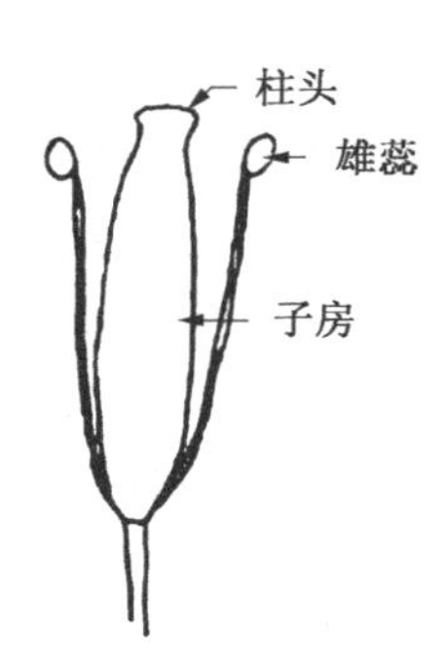

图17-3 拟南芥花器的构造

3. 玉米的开花习性

玉米(*Zea mays*)具单性花,是雌雄同株的异花授粉作物。

(1) 玉米的花器构造:玉米的雄花序为圆锥花序,通常称雄穗,由主轴和分枝构成。主轴顶端和分枝上着生许多成对小穗,每个小穗由2片护颖和2朵雄花组成,每朵雄花由1片内颖和1片外颖、3个雄蕊和1个退化的雌蕊组成,雄蕊分花丝和花药两部分。

玉米的雌花序为肉穗状花序,通常称为雌穗,由穗柄、苞叶、穗轴和雌小穗组成。穗轴上着生许多纵行排列成对的小穗。小穗无柄。每个小穗有 2 朵花，一朵正常一朵退化。正常花由内颖、外颖和雌蕊组成。雌蕊由子房和花柱构成。花柱很长呈丝状，俗称玉米须，顶端二裂、着生茸毛并分泌黏液，便于黏住花粉。花柱各部位都有接受花粉的能力。

(2) 开花习性：玉米开花通常以雄穗散粉和雌穗吐丝为标志。雄穗先抽出，抽穗后 2～3 d 开始开花，花期 1 周左右。开花的顺序是从主轴中上部开始，由此向上向下依次开放。侧枝开花顺序也是如此。玉米雄穗昼夜均能开花(散粉)，而每天上午 8～10 时开花最多，午后显著减少。

玉米雄穗开花与温度、湿度条件有密切关系。温度 25～28℃，相对湿度 70%～90% 时开花最多，低于 18℃或高于 38℃雄花不开放，相对湿度低于 60%时开花很少。花粉生活力在温度 28～30℃、相对湿度 65%～80%的田间条件下，能保持 5～6 h，8 h 后显著下降，24 h 后完全丧失生活力。

玉米雌穗花柱一般在雄穗散粉 2～4 d 后开始抽出。通常，中下部的花柱先抽出苞叶，然后下部、上部的花柱陆续抽出。花柱从开始抽出到全部抽出一般需 5～7 d。花柱一抽出就具有接受花粉的能力。授粉后变为褐色而枯萎，未授粉的花柱不断伸长(可达40 cm)，色泽新鲜。柱头的生活力可以保持 10 d 以上，以抽出 2～3 d 接受花粉的能力最强。

4. 棉花的开花生物学

(1) 花器的构造：棉花(*Gossypium hirsutum*)的花为单生完全花，由花萼、花冠、雄蕊和雌蕊组成，花的外层有苞叶。苞叶三角形，基部联合或分离。陆地棉苞叶茎部外面凹处有蜜腺 3 个。花冠由 5 片花瓣组成，开花前相互重叠为螺旋形，花瓣大小和颜色因棉种而异，有的棉种或品种花瓣基部有红芯。雄蕊由花丝和花药组成。花丝基部连合成管状，与冠基部连接，套于雌蕊外而成为雄蕊管。花药 60～90 枚或更多，为单室，每个花药内有 100～200 粒花粉。花粉粒呈球形，表面有小刺。雌蕊由柱头、花柱和子房 3 部分组成。子房 3～5 室或更多，每室着生胚珠 7～11 个，受精后每一胚珠发育成一枚种子。花柱细长，顶端为柱头。柱头有纵棱，常扭曲，多露出雄蕊管外，表面密生乳头状突起，开花时分泌黏液，便于黏着花粉。

(2) 开花习性：棉花多在上午 8～10 时开花，气温高、气候干燥时开花提早，温度低、阴雨天时开花延迟。棉花开花有一定顺序：由下而上，由内而外，沿果枝呈螺旋形进行。一般情况下，相邻果枝同节花蕾开花时间相隔 2～4 d，同一果枝相邻果节的花蕾开花时间相隔 5～8d 。开花时间相隔的天数因温度、养分和棉株长势而有增减。一朵花从花冠露出苞叶至开放经 12～16 h。开花 3 d 以后，花萼、花冠连同雄蕊管、花柱与柱头从子房上一起脱落下来。

(3) 授粉与受精：棉花是常异花授粉作物。棉花的花冠张开时，雌雄两性配子已发育成熟。花药在开花的前后或同时开裂散粉。在自然条件下，花粉生活力最强的时间是上午 10 时～下午 2 时，以后生活力显著减弱，到第二天上午即丧失生活力。柱头生活力维持的时间稍久，但也不超过第二天上午。花粉落到柱头上后，经 1 h 左右即开始萌发，8 h 后花粉管即到达子房，20～30 h 完成受精作用。

【材料与用品】

1. 材料

小麦、拟南芥、玉米、陆地棉各两个品种。

2. 用具与药品

温度计、放大镜、镊子、剪刀、大头针、回形针、半透明玻璃纸袋或牛皮纸袋(小袋20 cm×14 cm,大袋28 cm×16 cm)、黑纸袋、纸牌、蜡管、棉线、毛笔、铅笔、70%乙醇。

【实验步骤】

1. 小麦人工杂交的步骤及方法

(1) 选穗:选择生长健壮、发育良好、具有本品种典型特征的主茎穗作母本。为保证去雄后第二天或第三天能及时授粉,并获得较高的结实率,所选用植株的主茎穗抽出剑叶叶鞘约半寸较为适宜,气温较高或后期抽穗的可适当提早。

(2) 检查花药:用镊子小心打开中部两侧的小花,查看其花药,花药呈青色微透黄者为好。花药过嫩,去雄时易损伤花器;花药过老,去雄时花粉囊易裂,散出花粉发生自交。不过,去雄的穗子宁可嫩一点,不可过老。

(3) 整穗:在所选植株的主茎穗上,先用镊子或剪刀摘去上部和基部发育不好的小穗,仅保留中部10个小穗(两边各5个,共5对),而留下的小穗也只选取第一和第二花,其余的小花一律用镊子夹除。若是有芒品种,则应从基部将芒剪去,以便操作。

(4) 去雄:为避免自交,必须及时除去母本植株花中的花药。操作时用左手大拇指和中指捏住穗子,食指轻压花颖的顶端,内、外颖即被分开,形成一裂口,然后用右手合紧镊子插入裂口,再略微放松,小心地将三枚花药镊出。注意不要刺破花药、损伤柱头及颖片,若不慎刺破花药则须将此花摘除,同时用70%乙醇浸洗镊子尖端,以免造成人为的自花授粉。去雄的顺序是从下部小穗开始依次向上,做完一侧再做另一侧,避免遗漏。如发现小花中花药已有自然成熟开裂的,则应另换一穗。全部去雄完毕后要逐个检查一遍,做到去雄彻底,防止遗漏。检查时可用镊子分开两朵小花,迎着阳光透视小花,即可看出小花中有无遗漏花药。去雄干净后,在此穗上套上透明纸袋,纸袋开口沿穗轴折合,用大头针别住,注意不要别住剑叶。然后在穗基节基部挂上纸牌,用铅笔写明母本名称和去雄日期。

(5) 采集花粉:选取发育良好、正值开花期的父本植株,用镊子轻轻分开穗中部小花的内、外颖,从中小心地取出尚未开裂的花药(金黄色饱满的花药)两个,或采集刚开放小花的花粉。为能多采集花粉,也可以对已有数朵小花开放的穗子,用手轻轻摩擦几次,人为刺激其开花,把折叠好的"授粉纸"托在下面,轻敲麦穗,即能采到大量花粉。

采集时应注意,使用的容器要光滑,不要使花粉遭受高温及日光长久暴晒,应当随采集随授粉,以免花粉活力降低或丧失生活力,影响受精结实。如发现花粉成团,则不能使用。

(6) 授粉

1) 裂颖授粉法 去雄花朵的柱头呈羽毛状分叉时,用手轻轻抚摸,颖片自行张开,这时即可授粉。授粉时间一般在去雄后的第二天上午8时(露水已干)以后,或下午3时以后进行。如遇阴雨天,温度低,可在去雄后3~4 d内授粉。授粉时先取下母本穗子上的隔离袋,由下向上依次用镊子在每朵小花里投入略微压破了的花药一个,或用镊子蘸少量花粉撒在柱头上,但须注意勿伤柱头及颖片,授完一边之后再给另一边的花授粉,全部授粉完毕再套上隔离袋,用大头针封好,并在所挂纸牌上填写父本名称及授粉日期,同时剪

去纸牌下方一角，作为已授粉的标志，以便检查。更换授粉品种时，不能忘记换用授粉纸和用乙醇水溶液浸洗镊子，杀死沾在上面的花粉。

2）捻穗授粉法　母本去雄后，把每只小花的颖片剪去1/4～1/3，使上部露一小口，但应注意不要损伤柱头。而后用长约15 cm两头都不封口的隔离纸袋套住全穗，上下端都褶好，分别用大头针别住，授粉时把选好的父本穗在每朵小花顶端剪一小口，再用手摩擦几次，待有花药从颖片伸出，立即打开母本穗上的隔离袋的上口，把父本穗倒插入袋，在母本穗上凌空捻几次，让花粉落在柱头上，移去父本穗或将父本穗留在袋内，用大头针重新封上纸袋上口，填写纸牌，即完成授粉。此法省工省时、操作简便，只是结果率低，一般在杂交工作量大时采用。

(7) 受精情况检查：授粉后1～2 h，小麦花粉粒就开始在柱头上萌发，经40多小时就可以受精。在授粉后的第三、第四天可以打开套袋，检查子房膨大情况。若子房膨大，内、外颖合拢，说明已经受精；如果内、外颖仍然开张，子房不见膨大，说明未能受精。受精后一般不需要继续隔离，可以除去套袋。但为了防止意外和收获时易于辨认，可以不去套袋，到收获时连同母本麦穗一起取回。

(8) 收获与储藏：去雄及人工授粉后，母本麦穗上结出的种子就是杂交种子。成熟后按组合收获，同一组合的杂交穗剪下后放在一起，脱粒后装在同一个纸袋里，写明组合名称、种子粒数，置阴凉干燥处保存。

2. 拟南芥人工杂交步骤及方法

(1) 花的选择：取开势很好（花完全展开，呈十字状，雄蕊很黄）的花作为父本。取刚露白（能看见一点白色花瓣）的花作为母本。用镊子将多余的花蕾移除，一般保留时期最佳的花蕾5或6个。

(2) 去雄

1）选择母本紧闭刚露白的花蕾，用特小型镊子小心地沿着花苞的方向拨弄几下，把花苞拨松，去掉绿色的花萼。

2）用镊子把白色花瓣撑开，把微黄色的雄蕊剥掉（雄蕊四长两短共有6个，应当去除干净），拨一下后就在纸上擦干净镊子，注意不要碰到中间的柱头。一旦所有的雄蕊和大部分/所有周围组织被去除，可以立即授粉或过几天再授粉。

(3) 杂交

1）挑选花盛开的植株，最好在阳光明媚的早上做杂交。

2）从杂交父本上选择已盛开的花，用灭菌的镊子夹住雄蕊柄部取下雄蕊，在母本花的柱头上轻轻擦拭数次，标记好做过杂交的这朵花，挂上标牌，记录时间和杂交品种。

3）用保鲜膜将做过杂交的花包上，过夜后摘除。

4）重复上述步骤，对另一去雄的花柱头进行杂交（注意：每次授粉后对镊子灭菌）。过两三天，如果母本花柱头伸长，子房变大，则表明杂交成功。

5）等到荚果变黄后，收获种子得到F_1种子，将种子放在4℃冰箱保存。

3. 玉米人工杂交步骤及方法

(1) 套袋隔离：为了防止自然授粉，在母本雌穗抽出叶鞘未吐丝前进行套袋隔离。套袋要用回形针固定好，以免被风吹落。等到花丝抽出3～4 cm长时，在授粉前一天下午用大袋将父本雄穗套住。袋口用回形针扣紧，以免被风吹落。

(2) 授粉：人工授粉一般在上午8～10时进行。采集花粉时，将父本雄穗稍稍弯下，轻轻抖动套在穗上的纸袋，使花粉落在纸袋内，除去回形针，小心取下雄花袋。然后取下母本上的雌穗套袋，观察雌穗上花丝的情况，若花丝过长，可用剪刀剪去一部分，并立即将父本花粉抖落在花丝上。授粉完毕，雌穗上仍套上纸袋，挂上标签，写明杂交组合、授粉日期及实验者姓名。由于同一果穗不同部位的雌花并不处在同一发育阶段，因此需要进行2或3次人工授粉，以确保授粉完全。授粉2～3 d后可以去掉穗上的套袋，但为确保无其他花粉传粉，可将套袋保留至籽粒灌浆期以后。应注意授粉时切勿混入其他植物上的花粉，雄穗的套袋不可连续使用，以免混杂。

4. 棉花人工杂交步骤及方法

(1) 去雄：在母本典型株上，选择中部2～6个果枝上靠近主干第一、第二节位的花朵去雄。去雄时间以开花前一天下午为宜，亦可在杂交当日清晨花朵未开放时进行，这时去雄花朵的花冠应已露出苞叶，花朵即可开放。常用的去雄方法有三种。

1) 手剥去雄法(图17-4)　用刀片从花萼上缘一侧切入(深度以不伤及子房为度)，然后自右向左旋转，将花冠连同雄蕊一起剥离子房。注意不要折断花柱的柱头。剥下花冠后，若有残留小片雄蕊管，可用镊子夹住雄蕊管撕下，去雄后，在柱头上套一蜡管(约3 cm长，一端封闭)，管的顶端与柱头之间保持间隔1 cm左右。也可用麦秆管或塑料管代替蜡管。去雄时不要损伤苞叶，以免影响发育和杂交质量。

2) 麦管去雄法　用剪刀剪去花冠上部，露出柱头和部分花药，再用长4 cm一端折封、比柱头粗的麦管从柱头上套下，并轻轻转动向下压，使花丝折断花药脱落。

去雄干净后，麦管仍然套在柱头上进行隔离。

3) 剪雄法　用剪刀从花冠两侧剪开一条缝，拨开花冠，使雄蕊露出。也可剪去上部一部分花冠使雄蕊露出。用镊子或剪刀除去花药，如有残留花粉，可用清水冲洗。去雄后，用麦管套住柱头进行隔离。把纸牌套在去雄花朵的节上，并写明母本名称及去雄日期。这种方法比较麻烦费工，但花器受伤小，结铃率高。

图17-4　棉花手剥去雄授粉

(引自邱奉同和刘林德，1992)

1. 待去雄的花朵　2. 从花萼上缘一侧剥开，用刀片自右向左旋转将花冠连同雄蕊一起剥离子房(不要折断花柱的柱头)　3. 若有残留小片雄蕊管，可用镊子夹住雄蕊管撕下，在柱头上套一蜡管(约3 cm长，一端封闭，管的顶端与柱头之间保持间隔1 cm左右)　4. 授粉　5. 用棉线将授粉后花冠扎住、挂牌

(2) 授粉：选取父本典型株，于杂交的前一天下午或当天清晨去雄的同时，选取与去雄母本同时开放的花朵，用棉线将花冠顶端扎住，以防昆虫和风力把其他花粉带入。扎结的高低、松紧都要适宜，不要扎破花冠和扎住柱头。

授粉最好在上午9～11时进行，因为这时的花粉和柱头活力较强。授粉前先用放大镜检查母本柱头上是否有去雄时残留下来的花粉粒，当天去雄的可用毛笔轻轻将花粉粒拂拭掉，前一天下午去雄的，该花则不宜再作杂交用。授粉时用镊子从父本花上撕取约2/3的雄蕊管，在母本的柱头上涂抹几次，待柱头粘满花粉粒之后再套上蜡管。在纸牌上写明父本名称及授粉日期。

为防止棉铃脱落，提高成铃率，对母本植株要加强整枝，去旁尖，疏去过多的花蕾。

（3）收获：吐絮时，先收杂交铃，将棉籽及纸牌一同装入纸袋内，按组合分别存放。

【注意事项】

用于杂交实验的品种必须是提纯品种。

不同作物的生育期不同，为了使杂交用的父母本花期相遇，可在播种时进行调节，即进行分期播种，将所有父母本种子分2或3次，隔7～10 d分期播种。若播种后发现花期不遇，可在幼苗期进行日照处理或加大肥水量促使作物旺长推迟开花期。

【实验报告】

1. 选用小麦（或拟南芥、玉米、棉花）两个品种，做正、反交组合，各做4穗，其中一穗不授粉，以检查去雄质量。统计杂交结实率，并分析成功或失败的原因。

2. 如何把传统的杂交育种技术与现代育种技术结合？

（邱奉同　邵　群）

实验18　大肠杆菌基因的功能等位性测验——互补测验

【实验目的】

通过 *E. coli* 互补实验，探索顺反子的遗传特点并进一步加深对基因的认识。

【实验原理】

在经典遗传学中，基因被认为是在染色体上占据特定位置的DNA序列，决定特定性状的表达。基因既是功能单位，又是突变单位和重组单位，基因之间通过交换而发生重组。随着遗传学研究的发展，人们从分子水平上对基因产生了进一步的认识，基因的概念随之发生了改变。基因作为一段DNA序列，其中的任何碱基对都可以改变从而使基因发生突变。因此，基因内部有许多能引起遗传效应的突变位点。基因间的重组是通过染色体之间对应位置的交换而实现，而染色体对应位置的交换并不仅限于在具有转录功能的区段之间发生，染色体DNA的任何位置均可能发生交换，即在基因之间和基因内部的DNA序列中均可发生交换。因此，同一基因内部的不同突变位点可以通过重组而形成正常基因，所以，不能仅凭重组（交换）来判断基因的界限，只有通过功能性互补测验才能区别基因。

所谓功能性互补测验（complementation test），就是从基因的生理功能的角度来研究基因的互补作用。这里的互补是指一个染色体上的基因所不能编码的蛋白质，可以由另一染色体上的等位基因的产物所补充。因此，这是基因产物的互补，通过基因产物的互补而完成正常的生理功能。互补作用一般只发生在不同基因间，所以，凡是功能上可以互补的则属于不同基因，即非等位基因；凡是功能上不能互补的，则属于同一基因，即等位基因。基因的概念也从决定性状转变为决定一种转录产物。

在 *E. coli* 中,有不发酵乳糖的一系列突变型(lac^-),如各种 Z^- 突变型和 Y^- 突变型。各种 Z^- 突变型和 Y^- 突变型之间是可以互补的,表现为能够利用乳糖。而各种 Z^- 突变型相互之间、各种 Y^- 突变型相互之间是不能互补的,不能利用乳糖。因此,可以确定 *Z* 和 *Y* 分别是两个基因(顺反子)。

Z 和 *Y* 是 *E. coli* 乳糖操纵子(operon)中的两个不同的结构基因(structure gene)。各种不同的 Z^- 突变型的那些位点均属于同一结构基因,不同的 Y^- 突变型的情况也是一样的。

E. coli 乳糖操纵子结构基因的互补,受下列一些因素的影响,增加了基因间互补测验的复杂性。

1) 某些 Z^- 突变型发生极性突变,使 Z^- 和 Y^- 突变型之间不能正常互补。

2) 调节基因(regulator gene)发生突变 i^S,突变型的表型效应与 Z^- Y^- 双突变型相同。因此它与 Z^- 或 Y^- 突变型均不能互补。

3) 由于基因内互补的发生,某些 Z^- 突变型与另一些 Z^- 突变型发生互补。

重组也可使两个突变型变成野生型,所以互补测验中要排除重组的发生。为此,选用的受体菌为重组缺陷型 rec A^-。另外,由于互补作用可发生在每一杂基因子细胞中,而重组只发生在少数杂基因子细胞中,因此实验中的菌液浓度要低,这样不会妨碍互补现象的出现,却能尽量避免重组的发生。

本实验观察基因间的互补和基因内无互补的现象。

【材料与用品】

1. 材料

(1) 受体菌株

FD1007　F^- lac Z　trp　thi　str A　rec A

FD1008　F^- lac Y　thi　str A　rec A

(2) 供体菌株

CSH40　F′lac Y　$proA^+B^+$/ Δ(lac　pro)　thi

CSH14　F′lac Z　$proA^+B^+$/ Δ(lac　pro)　thi　supE

2. 用具及药品

(1) 用具:超净工作台、离心机、分光光度计、恒温振荡器、接种环、pH 试纸、无菌培养皿(9 cm)、三角瓶(150 mL)、试管(15 mm×150 mm)、无菌移液管(0.1 mL、0.5 mL、1.5 mL、10 mL)、量筒(5 mL、10 mL、25 mL、100 mL、500 mL)、离心管(10 mL)、烧杯(50 mL、100 mL、250 mL、500 mL)、称量瓶(5 mL、10 mL)、滴管、玻璃涂棒、玻璃棒、酒精灯等。

(2) 试剂和培养基

1) LB 液(加乳糖 10 g/L)　蛋白胨 10 g、酵母浸出汁 5 g、氯化钠 10 g,pH 7.5。每组 16 管,每管 5 mL。

2) 含乳糖、色氨酸、链霉素的基本培养基　10×A 缓冲液 100 mL、维生素 B_1 (1 mg/mL) 4 mL、$MgSO_4 \cdot H_2O$(0.25 mol/L)4 mL。加蒸馏水至 1000 mL。氨基酸(10 mg/mL) 4 mL、链霉素(50 mg/mL) 4 mL。每组 12~24 皿。

3) 乳糖 EMB 培养基　每组 16 皿。

4) 10×A 缓冲液　磷酸氢二钾(K_2HPO_4)105 g、磷酸二氢钾(KH_2PO_4) 45 g、硫酸铵[$(NH_4)_2SO_4$]10 g、柠檬酸钠($Na_3C_6H_3O_7 \cdot 2H_2O$)5 g,加蒸馏水至1000 mL,pH 7.0。

5) 0.85%生理盐水　每组 36 管,每管 4.5 mL。

6) 4 mg/mL 邻硝基 β-D-半乳糖苷(*O*-nitrophenyl-β-D-galactoside, β-ONPG)　每组 5 mL。此溶液无色。

7) 0.5 mol/L 碳酸钠　每组 5 mL。

8) 甲苯。

【实验步骤】

1. 活化菌株

将各实验菌株(供体及受体)分别接种于 5 mL LB 液中,在 30℃条件下培养过夜。

2. 扩菌培养

吸取经活化的供体及受体菌液 1 mL,分别加入 5 mL 新鲜的 LB 液中扩菌培养3 h。

3. 杂交培养

3 h 后,按右表组合各取 1 mL 混合,37℃,轻摇 30 min。然后将各组合的混合菌液用无菌生理盐水稀释至 10^{-4}、10^{-5},各吸取 0.1 mL 分别涂在 2～4 个含乳糖和链霉素的基本培养基平板上。同时将供体和受体的 4 个菌株也稀释至 10^{-4},各吸取 0.1 mL 涂在两个同样的平板上作为对照。以上平板置 37℃条件下培养 48 h。

供体 / 受体	CSH40	CSH14
FD1007 FD1008		

4. 划线分离

观察实验组和对照组平板上的菌落情况,然后将在基本培养基上长出的实验组和对照组的菌落各取 2 个在 EMB 平板上划线分离。37℃培养过夜。

观察 EMB 平板上菌落的情况,可观察到基因间有互补,基因内无互补的结果。然后将在 EMB 平板上长出的互补菌落(紫红色)、不能互补的菌落(白色)及各对照菌株的白色菌落,分别接种于含乳糖的 LB 液中,30℃培养过夜。

5. 定性测定半乳糖苷酶

将菌液离心,用1×A 缓冲液洗涤两次,最后用 5 mL 1×A 缓冲液悬浮菌体。取1 mL 菌液,加 1 滴甲苯,立即振荡 10 s,然后在 37℃恒温摇床上轻摇 40 min,目的是让甲苯挥发(甲苯的作用是破坏细胞,使酶得以释放)。

取 0.2 mL 的 β-ONPG(4 mg/mL)加入经甲苯处理过的菌液中,在 37℃恒温水浴摇床上继续轻摇 5 min,观察菌液颜色的变化。若菌液中有 β-半乳糖苷酶,则 β-ONPG 可被分解,释放出黄色的对硝基苯酚(*O*-nitrophenol)。这就是 β-半乳糖苷酶的定性分析。

最后,根据实验结果填入下表。互补测验的工作程序见图 18-1。

供　体 / 受　体	CSH40		CSH14	
	互　补	与 β-ONPG 的颜色反应	互　补	与 β-ONPG 的颜色反应
FD1007 FD1008				

菌　　株	CSH40	CSH14	FD1007	FD1008
与 β - ONPG 的颜色反应				

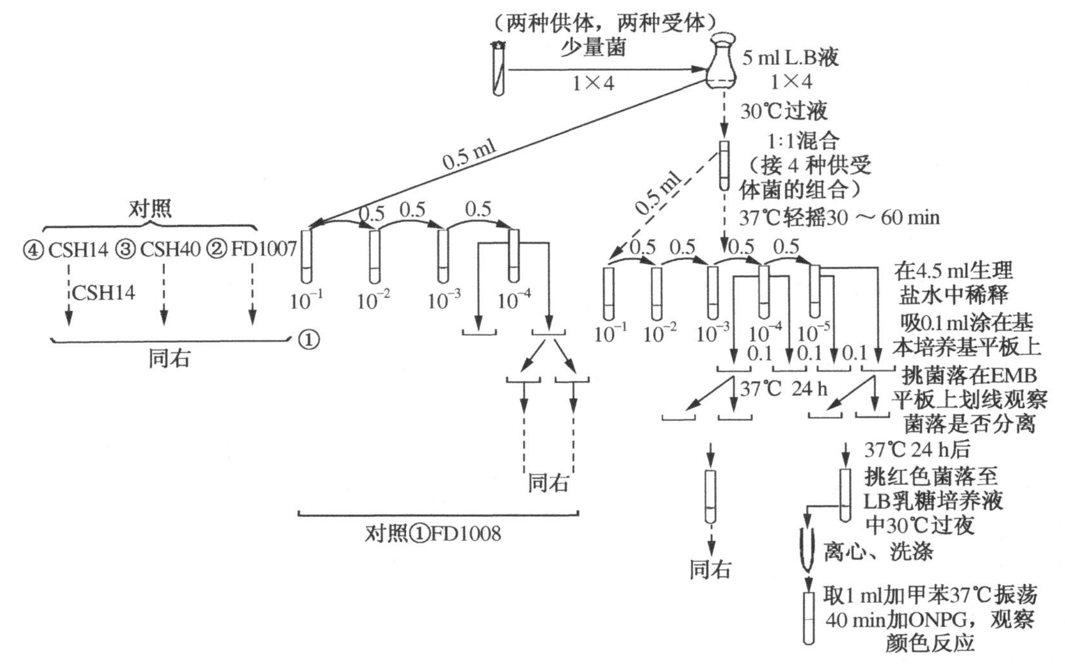

图 18 - 1　互补测验工作程序

（引自梁彦生等，1989）

【实验报告】

1. 能互补的菌落在 EMB 平板上划线，为何出现分离？
2. 亲本菌株在加乳糖的基本培养基上表现如何？试解释其原因。
3. 互补测验中为什么要排除重组？在本实验中采取了哪些措施？
4. 将试验结果做出报告，并对实验结果加以分析。
5. 根据实验结果给顺反子下一个定义。

（邱奉同　任少亭）

实验 19　植物单倍体和多倍体的诱发

【实验目的】

1. 通过烟草花药培养，了解和掌握花药诱导单倍体的原理和方法，了解单倍体育种的意义，培养学生无菌操作的能力和意识。

2. 了解人工诱导植物多倍体的原理、方法及其在植物育种上的意义。

3. 鉴定比较诱导后染色体数目的变化。

【实验原理】

自然界各种生物的染色体数目一般是相当稳定的，这是物种的重要特征。遗传学把一个配子的染色体数称为染色体组，用 n 表示。例如，黑麦体细胞染色体数为 14，配成 7 对，它的基数为 7。一个染色体组内每个染色体的形态和功能各不相同，但又相互协调，共同控制生物的生长、发育、遗传和变异。

由于各种生物的来源不同，细胞核内可能具有一个或一个以上的染色体组，凡是细胞核中含有一套完整染色体组的就称为单倍体，也用 n 表示。具有两套染色体组的生物体称为二倍体，以 $2n$ 表示。细胞内多于两套染色体组的生物体称为多倍体，这类生物细胞内染色体数目的变化是以染色体组为单位进行增减的，所以称作整倍体。

随着植物组织培养技术的发展，大量的实验已证实了植物细胞具有全能性(totipotency)。所谓全能性是指植物体的任何一个细胞，在适当的条件下都具有发育成完整植株的能力。植物花粉是由花粉母细胞经过减数分裂形成的单倍体细胞，仍具有一套完整的染色体及控制所有性状发育的每一种基因，因此也可以发育成一个完整植株。花药培养就是利用植物组织培养技术，把发育到一定阶段的花药经过无菌操作接种在人工培养基上，以改变花药内花粉粒的发育程度，诱导其脱分化，并继续进行有丝分裂，然后经过胚状体或愈伤组织途径再分化为完整的单倍体植株。

多倍体普遍存在于植物界，目前已知道被子植物中约有 1/3 或更多的物种是多倍体，除了自然发生的多倍体物种之外，还可采用高温、低温、X 射线照射、嫁接和切断等物理方法人工诱发多倍体植物。在诱发多倍体方法中以应用化学药剂更为有效。如秋水仙素、异生长素、富民农等，都可以诱发多倍体，其中以秋水仙素溶液效果最好，使用最为广泛。

秋水仙素溶液的主要作用是抑制细胞分裂时纺锤体的形成，使染色体向两极的移动被阻止，而停留在分裂中期的分布，这样细胞不能继续分裂，从而产生染色体数目加倍的核。若染色体加倍的细胞继续分裂，就形成多倍性的组织。由多倍性组织分化产生的性细胞，可通过有性繁殖方法把多倍体繁殖下去。如果将种子用秋水仙素浸渍，也可诱导多倍体植株产生。

【材料与用品】

1. 单倍体诱导材料

(1) 培养基成分及其母液配制：普通烟草花药培养常用 H 培养基，其成分较多，含量要求严格。为了节省称量时间，避免混乱，将培养基母液配制及其培养基制备列成表19－1。

表 19－1　H 培养基(Bourigin 和 Nitsch 1967)

化　合　物	浓度/(mg/L)	化　合　物	浓度/(mg/L)
KNO_3	970	肌　醇	100
NH_4NO_3	720	烟　酸	5
$MgSO_4 \cdot 7H_2O$	185	甘氨酸	2
KH_2PO_4	68	盐酸硫胺素	0.5
$CaCl_2 \cdot 2H_2O$	166	盐酸吡多素	0.5
$MnSO_4 \cdot 4H_2O$	25	叶　酸	0.5
$ZnSO_4 \cdot 7H_2O$	10	生物素	0.05
H_3BO_3	10	蔗　糖	20 000
$NaMoO_4 \cdot 2H_2O$	0.25	琼　脂	8 000
$CuSO_4 \cdot 5H_2O$	0.025	pH	5.5

铁盐 7.45 g Na_2EDTA(乙二胺四乙酸二钠)和 5.57 g $FeSO_4 \cdot 7H_2O$ 溶解于 1 L 水中，每升培养基取此液 5 mL。注意各种成分称量要准确，同一母液内的各种成分要分别

溶解,依次混合,最后定容。各种母液必须严格地单瓶分装,贴上标签,写明名称、稀释倍数和配制日期,放入冰箱内保存备用。

(2) 培养基配制

1) 按表中顺序和吸取量,分别吸取母液混合于容量瓶中,然后将蔗糖加适量水溶解后倒入,琼脂须加水加热溶解后倒入,用 1 mol/L HCl 或 1 mol/L NaOH 调 pH 到 5.8,最后加水定容到所需容积,加热至沸。

2) 用量筒和漏斗将培养基趁热分装到培养瓶,分装量根据培养瓶大小而定,一般用 50 mL 培养瓶装 15~20 mL,100 mL 培养瓶装 30~35 mL。塞上棉塞,用牛皮纸包好封口,用橡皮筋扎紧,0.105 MPa 高压蒸气灭菌 20 min,然后平放冷却备用。

(3) 器具包装灭菌

1) 所用玻璃器皿(如烧杯、培养皿、三角瓶、广口瓶等)应彻底清洗后用蒸馏水冲一次或烤干,用牛皮纸包扎两层,同时用大三角瓶装适量蒸馏水和一包棉球,0.105 MPa高压蒸气灭菌 20 min。

2) 金属器械(如镊子、刀片等)可在用前浸在 70%乙醇中,再在酒精灯火焰上灭菌,也可包扎后同玻璃器皿一起进行高压灭菌。

3) 超净工作台应擦干净,最后用新洁尔灭擦洗一次台面,用前打开紫外灯照射30 min。

(4) 花药培养实验材料的选择:烟草盛花期选取花萼与花冠等长的花蕾较好,此时的花药处于单核靠边期,是烟草花粉培养的适宜时期。为比较准确地确定花粉发育时期,可在接种前用改良苯酚品红染色压片法镜检,以确定花粉发育时期和与其相对应的花蕾外部形态。

2. 多倍体诱导材料

洋葱、蚕豆、玉米、水稻、大麦等植物的根尖、烟草幼苗和植株。

3. 用具及药品

(1) 用具:超净工作台(或无菌接种箱)、恒温培养室(或可带光照的培养箱)、显微镜、高压灭菌器、分析天平、药物天平、剪刀、容量瓶、移液管、三角瓶、试剂瓶、酒精灯、烧杯、培养皿、纱布、脱脂棉、牛皮纸、橡皮筋、广范试纸、磁力搅拌器、小型喷雾器等。

(2) 药品:70%乙醇、0.1%升汞水溶液、1 mol/L HCl、1 mol/L NaOH、新洁尔灭、高锰酸钾、甲醛、蒸馏水、秋水仙素、培养基诸成分等。

【实验步骤】

1. 花粉植株的诱导

(1) 灭菌消毒:将已准备好的培养基用喉头喷雾器在瓶壁表面喷洒 70%乙醇,然后放入超净工作台或接种箱,将已灭菌的器具用 70%乙醇喷洒后,去掉第一层包装纸,放于超净工作台,打开紫外灯,照射 30 min。

实验者要修剪指甲,用肥皂水反复洗手,最后将手浸泡在 0.1%新洁尔灭溶液中 3~5 min,方能上台操作。

(2) 花药消毒:将花蕾剥去萼片,放在灭菌的烧杯中,加入 70%乙醇消毒 10 min,再换 0.2%升汞溶液消毒 8 min,用无菌水冲洗 2 次,把花蕾移入另一个灭菌容器中,再用无菌水冲洗 2 次,倒去无菌水。

(3) 接种:用钟表镊子将花蕾的 1/3 部分去掉,用手轻捻下部,花药即露出,小心用枪式镊子将花药接种在培养基上,每瓶 10~15 个花药分布要均匀。然后包扎好,在包装纸上写上接种花药的品种名称、接种日期及实验者姓名。

(4) 花药的培养：将花药放于 27～28℃的恒温培养室内，并给以适当的光照。

(5) 观察记录：实验者应按一定的时间间隔记录培养花药的变化情况：最初几天花药由绿渐变至褐色，体积稍增大，3 周后药室开裂，在裂开处可见乳黄色的胚状体出现，见光后很快变绿，而后逐渐发育成单倍体幼苗。

2. 烟草单倍体胚状体发育过程的观察

(1) 实验时期：待花药培养初见黄色胚状体后，即可取材压片观察。

(2) 压片：在无菌条件下，取一花药培养物(其余的可继续培养)置载玻片上，加一滴改良苯酚品红染液，用镊子反复挤压花药，然后去净花药残壁，覆一盖玻片，用拇指轻轻压片。

(3) 观察：在显微镜下寻找两细胞期、四细胞期、八细胞期、多细胞期、球形胚、心型胚、鱼雷形胚和具有明显子叶和胚根分化的胚状体。

3. 单倍体小苗的移瓶、壮苗

待花粉植株大量出现后，由于小苗很弱，须进一步壮苗培养。

(1) 壮苗培养基(T 培养基)的配制：T 培养基的配制方法同 H 培养基，只是成分有所变化。其成分及含量如下。

化合物	浓度/(mg/L)	化合物	浓度/(mg/L)
硝酸铵(NH_4NO_3)	1 900	氯化钙($CaCl_2 \cdot 2H_2O$)	440
硝酸钾(KNO_3)	1 650	蔗　糖	10 000
磷酸二氢钾(KH_2PO_4)	370	琼　脂	8 000

微量元素、铁盐浓度与 H 培养基相同，有机成分省去，pH 6.0。

(2) 移瓶：将 H 培养基上的小苗分开，移入 T 培养基上，每瓶一株，在培养室内继续培养至小苗长出大量根系，植株健壮，真叶长出 3 或 4 片为宜(20～25 d)。

4. 单倍体植株的鉴定与移栽

壮苗培养基中生长的单倍体小苗长出 3 或 4 片真叶，形成一定根系时，即可移入花盆或培养土壤中生长。移入花盆时，可剪取幼嫩根尖进行固定，压片鉴定染色体数目，同时与正常二倍体植株的形态比较。

5. 多倍体的诱发

对于成株烟草，可将蘸有 0.1%～0.4%秋水仙素的棉球置放于烟草顶芽、腋芽的生长点处，并且经常滴加清水保持药液浓度。

处理幼苗或成株的生长点所需时间为 24～48 h，处理后将植株上残存药液充分洗净，待进一步生长后进行观察和鉴定。

【实验报告】

1. 绘出所观察到的单倍体细胞和多倍体细胞的染色体图。

2. 比较单倍体植株、多倍体植株和二倍体植株的形态学和细胞学特征。

3. 详细记录花药培养的全过程。

(刘　梅　张爱民)(姜倩倩修订)

实验 20　小鼠骨髓细胞染色体显带技术与姐妹染色单体色差法

【实验目的】

掌握制作动物骨髓细胞染色体标本的方法,练习染色体显带技术与姐妹染色单体色差技术。

【实验原理】

常规染色体组型分析是根据染色体的外部形态和结构来进行的。在辨认相似染色体和鉴别结构变异上具有一定的困难。20 世纪 70 年代开始,研究者对染色体采用了热、碱、盐和酶等处理方法,使染色体分化,再经不同的方法显色,使染色体臂上显示出了特定的带纹(如有 C 带、Q 带、R 带和 G 带等)。染色体产生的色带(暗带)和未染色的明带相间的带型(banding pattern),形成了鲜明的染色体个体性。这样,无论对鉴别染色体和染色体组型,还是就染色体的结构与功能的研究,都开辟了一条新的途径。

染色体的 C 带是特异性地显示结构异染色质的带,可以专一地显示着丝粒区域的结构异染色质。在制作 C 带标本时,染色体要经酸、碱和 SSC 处理。酸处理使 DNA 脱嘌呤,碱处理可能通过产生一个高水平的 DNA 变性,促使激发的 DNA 溶解,SSC 处理使 DNA 骨架断裂,并使断片溶解,因而可以使非 C 带区(常染色质区)的 DNA 优先被抽取,而 C 带区(异染色质区)则对 DNA 的抽取有较大的抗性,以至经 Giemsa 染色,呈现深染。本实验仅就 C 带标本的制备方法进行练习。

姐妹染色单体区分染色是利用具有不同碱基组成的两条 DNA 链在染色时着色程度不同而区分染色单体的。5-溴脱氧尿嘧啶核苷(5-bromodeoxy-uridine,BrdU)在 DNA 复制过程中,掺入新合成的链并占有胸腺嘧啶(thymidine,T)的位置。细胞在有 BrdU 的条件下,通过两次分裂,中期染色体的两条姐妹染色单体,其中一条染色单体的一条单链不含 BrdU,另一条单链含有 BrdU;另一条染色单体的 DNA 双链都是含有 BrdU 的 DNA 链。这种 DNA 双链都含有 BrdU 染色单体,螺旋化程度较低,在热盐溶液中受光的照射后更易于水解,从而影响了与 Giemsa 染料的亲和力,因此染成较浅的颜色。因此,可以区分中期染色体的姐妹染色单体。

通过姐妹染色单体区分染色,可以发现姐妹染色单体之间的交换(SCE)。姐妹染色单体交换是 DNA 受损的一种反应。由于姐妹染色单体区分染色技术简便、迅速,姐妹染色单体之间的交换对效应物质敏感,同时具有较好的剂量效应。因此,SCE 的方法可以作为筛选致突变、致癌等有害物质和筛选有害物质的抑制剂的一种方法。利用活体动物为材料进行 SCE 研究,准确性大大高于离体实验,因此在药物研究中是十分重要的方法。

由于 BrdU 或 5-碘脱氧尿嘧啶核苷(IrdU)这两种核苷类似物在体内将不断被代谢,因此在活体实验掺入核苷类似物时,要不断补充核苷类似物。目前常常采用多次注射、皮下埋藏、活性炭吸附及以玉米油(或花生油)作为液体媒介物等方法。本实验采用液体媒介物法。

【材料与用品】

1. 材料

小鼠(*Mus musculus*)。

2. 用具与药品

(1) 用具　离心机、显微镜、台式天平、恒温水浴锅、解剖器、无菌注射器(2 mL,4#、6#针头)、离心管、吸管、烧杯、量筒、载玻片、紫外灯(30 W)。

(2) 药品

1) 10%酵母制剂　干酵母 2.5 g、葡萄糖 5.5 g,加 25 mL 40℃无菌水,充分混匀后,置 40℃温箱保温 1.5～2 h,待液体表面有少量气泡出现时即可。此制剂的作用是刺激骨髓细胞的有丝分裂,以增加有丝分裂的细胞数目。

2) 5-溴脱氧尿嘧啶核苷或 5-碘脱氧尿嘧啶核苷　使用量为 0.5 mg/g 体重。

3) 阳性对照药物　环磷酰胺或丝裂霉素 C 或甲基磺酸甲酯。使用剂量分别为 10～30 μg/g 体重、0.5 μg/g 体重、5～10 μg/g 体重。

4) 秋水仙素溶液 1 mg/mL、0.85%生理盐水、1%(或 3%)Giemsa(吉姆萨)原液、1/15 mol/L 磷酸缓冲液(pH 6.8)、2×SSC 溶液、氯化钾(0.075 mol/L)、固定液(3 甲醇∶1冰醋酸)、0.2 mol/L HCl、饱和的(5%)氢氧化钡溶液、20 mg/mL 玉米油。

【实验步骤】

1. 小鼠骨髓染色体标本制作

(1) 秋水仙素预处理:实验前 3～3.5 h,腹腔注射秋水仙碱溶液,每 10 g 体重注入 50～80 μg 秋水仙碱。

(2) 分离骨髓细胞:断头法处死小鼠,立即取股骨,剃去肌肉,将股骨剪为几段,浸入 5 mL 0.85%生理盐水中,反复搅动以使骨髓腔中的骨髓细胞冲刷出来。除去碎股骨后,将细胞悬液移入离心管中以 1000 r/min 的速度离心 10 min,弃去上清液。再用 0.85%生理盐水洗涤,加入 1/3 离心管的生理盐水,用吸管反复吸打。再次离心 10 min,弃去上清液。

(3) 低渗处理:加入 4 mL 预温(37℃)的 0.075 mol/L 氯化钾,用吸管吸打混匀,置 37℃温箱中处理 25 min 左右,使细胞吸胀。

(4) 固定

1) 预固定　在低渗处理的同时,可加入 1～2 mL(或几滴)固定液进行预固定,目的在于防止离心时细胞结团。

2) 第一次固定　低渗处理和预固定后,进行离心,要求与上述一样,吸取上清液,先加入 0.5 mL 固定液,小心用吸管吹打混匀,再加入 4.5 mL 的固定液混匀后,静置 15～30 min。

3) 第二次固定　静置后的材料再离心,吸取上清液,加入 5 mL 固定液,吹打混匀,静置 15～30 min。

4) 第三次固定　操作同上。充分的固定,有助于获得染色体清晰、分散良好的染色体标本,所以,第三次固定的时间可延长至过夜。

5) 滴片　第三次固定后,离心,吸去大部分上清液,根据沉淀物的多少留下一定量的固定液(一般留 0.5～1 mL),混匀后进行滴片。先滴一张片染色,若制片中中期分裂相较多且染色体分散较好,则可继续滴片,以作分带之用。

2. Giemsa 显带

1) 将小鼠骨髓染色体制片老化 3～7 d 后,放入 0.2 mol/L HCl 中处理 1 h。

2) 蒸馏水冲洗后,将制片转入 50～65℃ 5%氢氧化钡溶液中 5～15 min(也有人在 55℃条件下处理 20～25 s)。

3) 自来水冲洗后,再用温蒸馏水冲洗,直至氢氧化钡冲净为止。然后将制片置于 60～65℃条件下 1～1.5 h。

4) 蒸馏水冲洗,自然干燥。

5) 1∶20 Giemsa 染液染色 5～6 min。

6) 自来水冲洗,自然干燥后即可镜检。

3. 姐妹染色单体色差

(1) 实验设计:为方便观测 SCE,在制作 SCD 之前加入能激发 SCE 的药物。也可自己设计,找几种药物测定其对 SCE 产生的影响。实验用鼠一般选用6～8 周龄,体重约为 20 g 的纯系雄性(或雌、雄各半)小鼠。将小鼠分为 5 组,每组 5 只,分别用于阳性对照组、测试组和空白对照组。

1) 阳性对照组　用能强烈诱发 SCE 的药物环磷酰胺或丝裂霉素 C 或甲基磺酸甲酯,采取一次性腹腔注射的办法给药。使用剂量分别为 10～30 μg/g 体重、0.5 μg/g 体重、5～10 μg/g 体重。

2) 测试组　分为 3 组,低剂量组的药物用量为临床剂量的 5 倍,中剂量组的药物用量为临床剂量的 20 倍,高剂量组的药物用量为临床剂量的 100 倍。待测药物结合其溶解度选择相应的方法进行溶解,给药方法参考临床服药方法,或腹腔注射或灌服。给药次数根据实际情况而定。

3) 空白对照组　注射实验中的有关溶剂,如生理盐水、蒸馏水等。注射剂量为 0.2 mL/只。

(2) 实验步骤

1) 腹腔注射待测药物、阳性对照药物和空白对照物。

2) 1 h 后,在小鼠背部皮下注射 10%的酵母制剂 0.3 mL/只。

3) 24 h 后,在股骨沟注射 0.5 mL 内含 10 mg BrdU 或 IdU 的玉米油。用玉米油作为媒介物,目的是使核苷类似物能较长时间地保存在体内。

4) 14 h 后,腹腔注射 1 mg/mL 的秋水仙碱 0.1 mL/只。

5) 16 h 后,断颈处死小鼠,按常规方法制备染色体标本。

6) 紫外光分化染色(FPG 法)。制片老化 1～3 d 后,载玻片上滴满 2×SSC 溶液,放在 45～48℃的恒温水浴锅的铝板上,使锅内的水位高至铝板,这样可保证铝板的温度为 45～48℃,在灯距为 6 cm 的紫外光灯(30 W)下照射 40 min 左右,然后用蒸馏水或磷酸缓冲液(pH 6.8)洗去载玻片上的 2×SSC 溶液,吹干或自然干燥后,用 1%Giemsa(1∶20)染色 5～10 min,水洗、晾干后镜检。

7) SCE 计数。选择 30～50 个染色体长短适中,分散良好的中期相细胞,按下表进行 SCE 的统计。

组　别	供试小鼠数	出现姐妹染色单体色差的细胞数	姐妹染色单体互换(SCE)		T值
			SCE总数	平均值(SCE/细胞)	

【实验报告】

1. 能否将C带技术和SCE技术合并到一起进行染色体标本制作?
2. 小鼠染色体数目是多少?根据着丝粒的位置它们属于哪一种类型的染色体?
3. 如何区分雌、雄个体的染色体?

（邱奉同）

实验21　植物原生质体的分离与纯化

【实验目的】

学习植物原生质体的分离和纯化技术。

【实验原理】

原生质体是指去除了细胞壁的植物细胞。原生质体是植物体细胞遗传学研究的重要实验系统,无论在理论方面还是在实践方面都有重要的研究价值。去除细胞壁一般通过酶解的方法,植物细胞壁是由纤维素、半纤维素、果胶质和少量的蛋白质和脂类组成的,由于这些不同物质的化学键不同,必须使用混合酶液以降解细胞壁。通常混合使用纤维素酶和果胶酶分离原生质体。

【材料与用品】

1. 材料

大白菜幼苗、菠菜、油菜或烟草等。

2. 用具及药品

(1) 用具:超净工作台、显微镜、台式离心机、载玻片、盖玻片、尼龙过滤网(300目)、双层漏斗、离心管(10 mL)、剪刀、镊子、巴斯德吸管、培养皿(70 mm)、吸水纸等。

(2) 药品:70%乙醇、8%次氯酸钠、甘露醇、CPW缓冲液、纤维素酶、果胶酶、20%蔗糖溶液等。

CPW缓冲液的配制:KH_2PO_4 27.2 mg/L、KNO_3 101 mg/L、$CaCl_2 \cdot 2H_2O$ 1480 mg/L、$MgSO_4 \cdot 7H_2O$ 246 mg/L、KI 0.16 mg/L、$CuSO_4 \cdot 5H_2O$ 0.025 mg/L,pH 5.8。

8% CPW缓冲液:在CPW缓冲液中加入8%甘露醇(m/V)。

酶液的配制:8% CPW缓冲液中加入1%纤维素酶(m/V)、1%果胶酶(m/V)、3.5 mmol/L $CaCl_2 \cdot 2H_2O$、0.7 mmol/L KH_2PO_4,pH 6.0。

【实验步骤】

1. 选取叶片:选取温室生长或大田收获的充分伸展的幼嫩叶片,在超净工作台内,把叶片浸在盛有70%乙醇的烧杯内1 min,然后放到8%次氯酸钠液中,浸泡4～5 min。无菌水冲洗3～5次,放在烧杯中备用。注意以下操作也必须在无菌条件下完成。

2. 撕下表皮:用无菌滤纸吸干叶片水分,用钟表镊子将叶子的下表皮撕掉,注意不要损伤叶肉细胞。

3. 酶解：在培养皿中放入混合酶液，将去掉下表皮的叶片剪成小块，去下表皮面向下铺于酶液(70 mm 培养皿中加 10 mL 酶液)中，充分接触酶液，铺满一层。25～30℃，酶解 2～3 h。

4. 过滤：酶解后的混合物用双层漏斗进行过滤，只允许单细胞和原生质体通过。

5. 过滤后的混合液，500 r/min，3 min 离心。吸出上清液，沉淀用 2 mL 8% CPW 溶液轻轻悬浮。

6. 在新的离心管中加入约 8 mL 20%蔗糖溶液，将上述原生质体悬浮液用滴管轻轻地加在蔗糖溶液上。1000 r/min，3 min 离心后，生活力强、状态好的原生质体漂浮在蔗糖溶液与上清液之间呈一条绿色带，破碎的细胞残渣沉入管底。小心吸取原生质体于一新的离心管中。

7. 加入 8 mL 8% CPW 溶液洗涤，500 r/min，3 min 离心，弃上清，用适量 8% CPW 溶液悬浮沉淀。

8. 镜检：将原生质体悬浮液滴在载玻片上，轻轻盖上盖玻片，先在低倍镜下找到原生质体，再换成高倍镜仔细观察。

【实验报告】

1. 画出在显微镜下看到的原生质体的图像。
2. 在整个实验操作过程中需要注意哪些问题？
3. 研究原生质体的意义是什么？

(邵　群　郭善利)

实验 22　大肠杆菌(*E. coli*)的转化

【实验目的】

理解转化的原理和学习用质粒 pBR322 转化 *E. coli* 的方法。

【实验原理】

1928 年，Griffith 在肺炎双球菌(*Diplococcus pneumoniae*)中发现了转化现象后，直到 1944 年转化因子的本质才被 Avery 等所鉴定。这是说明遗传物质基础是 DNA 的第一个明确的实验根据。转化是外源 DNA(包括染色体 DNA 和质粒 DNA)引入受体细胞，从而传递遗传信息的过程。目前，转化已成为基因工程中一种常用的基本实验手段。

在细菌转化过程中，受体细菌必须处于一种特殊的生理状态，即感受态细胞(competent cell)下。用一定浓度的氯化钙处理，并辅之短时间的高热(42～45℃)，受体菌即可呈现感受态。此时，外源 DNA 将容易进入受体菌，进而在细胞中复制和表达。

pBR322 质粒带有氨苄西林和四环素抗性基因(Ap^r、Tc^r)。含有 pBR322 质粒的细菌具有对氨苄西林和四环素的抗性，在含有这两种抗生素的培养基上可以正常生活。本实验所用的 *E. coli* HB101 受体菌，不具有 pBR322 质粒，所以对氨苄西林和四环素是敏感的，在含有这两种抗生素的培养基上不能生活。

将抽提的 pBR322 质粒通过转化使其进入受体菌(*E. coli* HB101)后，结果实现了两个抗性基因的转移，从而使受体菌出现了抗氨苄西林和四环素的新性状。转化子在含有抗生素的培养基上，就可被筛选出来。转化的成功说明提取的质粒 DNA 是有生物活性的。

【材料与用品】

1. 材料

E. coli HB101。

2. 用具及药品

(1) 用具：三角瓶(150 mL)、离心管(5 mL、10 mL)、离心机、微量注射器或微量移液器、培养皿(9 cm)、水浴摇床、温箱等。

(2) 培养基与试剂

1) 完全培养液(LB 液)(pH 7.2～7.4)：称取蛋白胨(或多聚蛋白胨)10 g、牛肉膏 5 g、氯化钠 5 g，加蒸馏水 800 mL 溶解上述试剂，用 1 mol/L NaOH 调pH 7.2～7.4，补加蒸馏水至 1000 mL。0.056 MPa 灭菌 30 min。

2) 完全固体培养基：LB 液+2%琼脂，0.056 MPa 灭菌30 min。

3) 氨苄西林(Ap)液(20 mg/mL)：称取 Ap20 mg，加无菌蒸馏水 1 mL，临用时配制。

4) 75 mmol/L 氯化钙，0.105 MPa 灭菌 15 min，4℃冰箱保存。

5) 10 mmol/L 氯化钠，0.105 MPa 灭菌 15 min，4℃冰箱保存。

6) 无菌蒸馏水。

【实验步骤】

1. 接种受体菌 *E. coli* HB101 于 5 mL 的 LB 液中，37℃振荡培养过夜。

2. 取 2.5 mL 的细菌培养物扩菌至 50 mL 的 LB 液中，37℃继续振荡培养1.5 h(OD_{600}≈0.4)。

3. 冰浴中放置 5 min，取 5 mL 细菌培养物，以 4000 r/min 离心 10 min(有条件时可在 4℃条件下，以 6000 r/min 离心 5 min)，收集菌体。

4. 菌体悬浮于 2.5 mL 冷的 10 mmol/L 氯化钠，4000 r/min 离心 10 min(有条件时可在 4℃条件下，以 6000 r/min 离心 5 min)，洗涤菌体。

5. 为使细菌呈现感受态，菌体应再悬浮于 0.25 mL 冷的 75 mmol/L 氯化钙中，冰浴 20 min，注意要不断地摇动，以促使细胞膜形成小孔，有利于外源 DNA 进入细胞。

6. 取自制的质粒 DNA 10 μL 和 0.1 mL 感受态细菌混合，冰浴 30 min，每隔5 min振荡一次，以防止菌体下沉于管底。

另各取受体菌 0.1 mL，质粒 DNA 10 μL 作对照。

7. 将装有转化和对照样品的试管置于 42℃处理 2 min，进行热冲击，这一步骤将有利于质粒 DNA 进入受体菌。

8. 按下表补加 1.9 mL 的 LB 液，在 37℃培养 2 h。

项　目	LB 液/mL	受体菌/mL	质粒 DNA/μL
转化组	1.9	0.1	10
受体菌对照	1.9	0.1	0
供体菌质粒 DNA 对照	1.9	0	10

9. 按下表处理涂平板。

项　　目	LB 固体平板	
	加抗生素平板	不加抗生素平板
转化组	原液、10^{-1}、10^{-2}(各 3 皿)	原液、10^{-1}、10^{-2}(各 3 皿)
受体菌对照	原液(3 皿)	10^{-5}、10^{-6}、10^{-7}(各 3 皿)
供体菌质粒 DNA 对照	原液(3 皿)	原液(3 皿)

将以上平板置于 37℃培养 24 h(加抗生素的平皿可延长至 48 h),观察并统计转化子的数目。

10. 计算转化频率(图 22 - 1)。

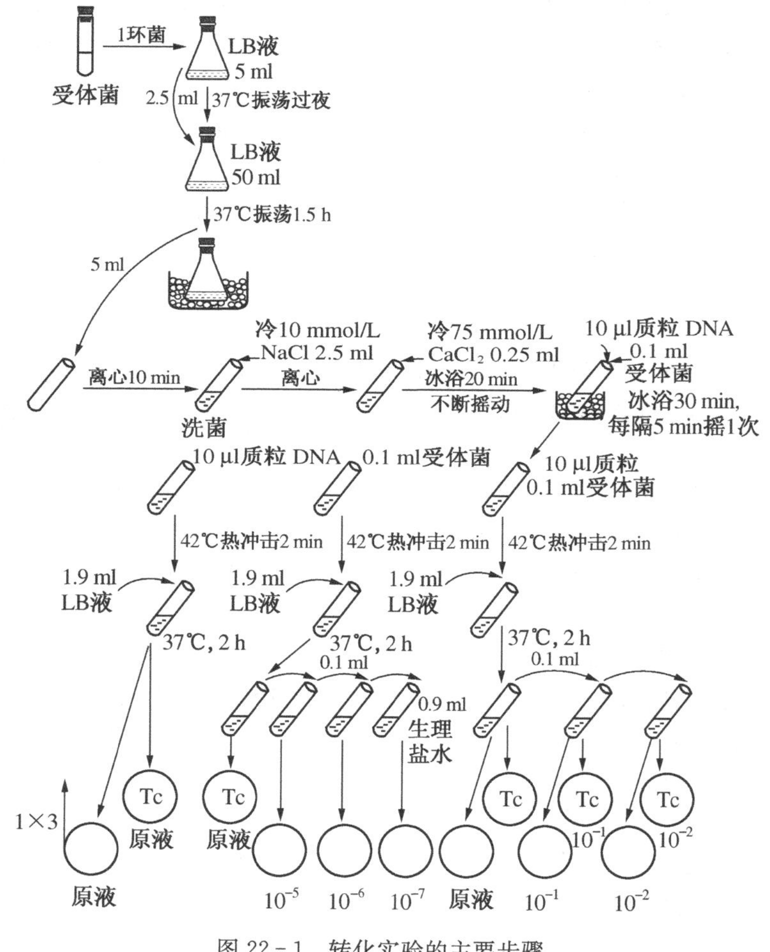

图 22 - 1　转化实验的主要步骤

(引自梁彦生等,1989)

① 求每微克 DNA 转化子数,公式为

$$\text{转化频率}=\frac{\text{转化子总数}}{\text{质粒 DNA 的加入量}}=\text{转化子}/\mu\text{g DNA}$$

② 求转化子的百分数，公式为

$$转化频率=\frac{转化子总数}{总菌数}\times 100\%$$

$$转化子总数=转化菌落数\times 稀释倍数\times 转化反应液体积$$

【实验报告】

1. 什么是转化？什么是转导？两者有什么区别？
2. 转化实验中，实验组和对照组平皿应有什么样的结果？如何解释这个结果？

（郭善利　周国利）

附（本实验的备选实验）

E. coli 的转化实验

【实验目的】

学习氯化钙法制备 *E. coli* 感受态细胞和外源质粒 DNA 转入受体菌细胞的技术及筛选转化体的技术。了解细胞转化的概念及其在分子生物学研究中的意义。

【实验原理】

克隆的筛选：主要用不同抗生素基因筛选。常用的抗生素有：氨苄西林、卡那霉素、氯霉素、四环素、链霉素等。

【材料与药品】

1. 材料

菌株 *E. coli* DH5α，pUC19 质粒。

2. 用具及药品

(1) 用具：无菌超净台、电热恒温水浴锅、分光光度计、离心机、移液器、微型离心管等。

(2) 培养基与试剂：LB 液体培养基和含抗生素的 LB 平板培养基(50～100 μg/mL 氨苄西林)、预冷的 $CaCl_2$ 溶液(0.1 mol/L)、氨苄西林(Amp)用无菌水配成100 mg/mL 溶液，置－20℃冰箱保存。

【实验步骤】

1. 受体菌的培养

从 LB 平板上挑取新活化的 *E. coli* DH5α 单菌落，接种于 3～5 mL LB 液体培养基中，37℃条件下振荡培养 12 h 左右，直至对数生长后期。将该菌悬液以(1∶50)～(1∶100)的比例接种于 50～100 mL LB 液体培养基中，37℃振荡培养2～3 h 至 $OD_{600}\leqslant$ 0.5 左右。注意，细胞数务必$<10^8$/mL，此为实验成功的关键。

2. *E. coli* 感受态细胞的制备($CaCl_2$ 法)

1) 每组取培养液 3 个 4 mL 转入 4 mL 离心管中，在冰上冷却 20～30 min，于 4℃，4000 r/min离心 10 min。从这一步开始，所有操作均在冰上进行，尽量速度快而稳。

2) 倒净上清培养液，将管倒置 1 min 以便培养液流尽，用 2 mL 冰冷的0.1 mol/L

$CaCl_2$ 溶液轻轻悬浮细胞，冰浴 30 min。

3) 0～4℃，4000 r/min 离心 10 min。

4) 弃上清液，加入 1 mL 冰冷的 0.1 mol/L $CaCl_2$ 溶液，小心悬浮细胞。0～4℃，4000 r/min 离心 10 min。

5) 弃上清液，加入 200 μL 冰冷的 0.1 mol/L $CaCl_2$ 溶液，小心悬浮细胞，冰上放置片刻后，即制成了感受态细胞悬液。

6) 制备好的感受态细胞悬液可直接用于转化实验，也可加入占总体积 15%左右高压灭菌过的甘油，混匀后分装于 1.5 mL 离心管中，置于−70℃条件下，可保存半年至一年。

3. 细胞转化

1) 取 200 μL 感受态细胞悬液(如是冷冻保存液，则需化冻后马上进行下面的操作)，加入质粒 DNA 2 μL(50 ng)混匀，冰上放置 20～30 min。同时做以下两个对照组。

对照组 1：以同体积的无菌双蒸水代替 DNA 溶液，其他操作与上面相同。

对照组 2：以同体积的无菌双蒸水代替 DNA 溶液，但涂板时只取 5 μL 菌液涂布于不含抗生素的 LB 平板上。

2) 于 42℃水浴中保温 1～2 min(热激)，然后迅速冰上冷却 2 min。

3) 立即向上述管中分别加入 0.8 mL LB 液体培养基(不需在冰上操作)，该溶液称为转化反应原液，摇匀后于 37℃振荡培养 45～60 min，使受体菌恢复正常生长状态，并使转化体表达抗生素基因产物(Amp^r)。

4. 平板培养(有时需要稀释)

1) 取各样品培养液 0.1 mL，分别接种于含抗生素 LB 平板培养基上，涂匀(如果用玻璃棒涂抹，酒精灯烧过后稍微凉一下再用，不要过烫)。

2) 菌液完全被培养基吸收后，倒置培养皿，于 37℃恒温培养箱内培养过夜(12～16 h)，待菌落生长良好而又未互相重叠时停止培养。用 $CaCl_2$ 法制备的感受态细胞，可使每微克超螺旋质粒 DNA 产生 $5\times10^6\sim2\times10^7$ 个转化菌落。在实际工作中，每微克有 10^5 以上的转化菌落足以满足一般的克隆实验。

5. 检出转化体和计算转化率

统计每个培养皿中的菌落数，转化后在含抗生素的平板上长出的菌落即转化子，根据此皿中的菌落数可计算出转化子总数和转化频率：

$$\text{转化子总数}=\text{菌落数}\times\text{稀释倍数}\times\text{转化反应原液总体积}/\text{涂板菌液体积}$$

$$\text{转化频率(转化子数/每 mg 质粒 DNA)}=\text{转化子总数/质粒 DNA 加入量(mg)}$$

$$\text{感受态细胞总数}=\frac{\text{对照组 2 菌落数}\times\text{稀释倍数}\times\text{菌液总体积}}{\text{涂板菌液体积}}$$

$$\text{感受态细胞转化效率}=\text{转化子总数/感受态细胞总数}$$

【注意事项】

本实验方法也适用于其他 *E. coli* 受体菌株的不同的质粒 DNA 的转化。但它们的转

化效率会有差别，有的转化效率高，须将转化液进行多梯度稀释涂板才能得到单菌落平板，而有的转化效率低，涂板时必须将菌液浓缩(如离心)，才能较准确地计算转化率。

【实验报告】

1. 观察各组实验结果并加以分析。
2. 统计菌落数，计算转化率。
3. 制备感受态细胞的原理是什么？
4. 如果实验中对照组本不该长出菌落的平板上长出了一些菌落，将如何解释这种现象？

(刘　文)

实验 23　果蝇某数量性状对于选择的反应

【实验目的】

1. 掌握某数量性状对于选择的反应的实验方法。
2. 学习一些遗传参数的计算方法。

【实验原理】

遗传育种学家改变动植物群体的遗传组成的首要方式是对作为亲本用的个体挑选——选择。其次是对亲本的交配方式的控制，包括近交与杂交。在考虑选择时，暂时不计近交的效应，因为可假定群体相当大而足以把近交效应忽略。

选择的基本效应是改变群体中的某些基因频率。作用于某数量性状的个别座位上的基因的选择效应是无法加以定量描述的。因此，只能利用可以观察到的平均数和方差来测定选择的效应。

如果在某群体中，就 x 性状而言，挑选出一定比例的处于该性状的表型值的正态分布最上端(上向选择)或最下端(下向选择)的个体，由这些入选的极端类型的个体繁殖产生下一代，下一代的群体平均值一般向选择的方向移动，移动的程度与该性状的遗传力有关。由数量遗传学可知：

$$\Delta G = h^2 S \quad 或 \quad R_x = h^2 S \tag{1}$$

式中，ΔG 为遗传获得量，R_x 为 x 性状对于选择的反应量，h^2 为 x 性状的遗传力既在选择差中可遗传给下一代的百分数，S 为亲代群体平均值与中选亲本的平均值之差，即选择差。

$$S = \overline{x}_0 - \overline{x}_S$$

式中，$\overline{x}_0$＝亲代群体 x 性状的平均值，$\overline{x}_S$＝中选亲本该性状的平均值。

关系式(1)的主要用途在于预测选择的反应。只要在选择前，从基本群体中估计了某数量性状的遗传力(如前一实验估计了果蝇体长的遗传力 $h^2=0.48$，腹部刚毛数 $h^2=0.52$ 等)，而选择差亦是可求的，然后就可以预测中选亲本将要繁殖的子一代群体在 x 性状(体长或腹部刚毛数等)上的遗传获得量，也就是该性状在未来的下一代群体中将会产生多大的反应。

关系式(1)的另一形式为:

$$\because i = \frac{S}{\sigma_P} \qquad \therefore h^2 = \frac{\Delta G}{i\sigma_P} = \frac{\overline{x}_1 - \overline{x}_0}{i\sigma_P} \tag{2}$$

$R_x = \Delta G = \overline{x}_1 - \overline{x}_0$ 是中选个体所繁殖的 F_1 代群体在 x 性状上的平均值($\overline{x}_1$)与亲代原群体的该性状平均值($\overline{x}_0$)之差,这就是遗传获得的实际值。

利用关系式(2),可以作为一种从已经实现的选择效果来估计遗传力的近似方法。Falconer 称之为现实遗传力。利用观察到的一代遗传进展 ΔG 可以求 h^2。这个遗传力的数值表示每个单位的选择差所获得的一代遗传进展。

本实验是以果蝇的第五腹板上的刚毛数(或体长)为选择的性状。预测选择作用的一代遗传进展,观察选择的作用在各个世代中引起的刚毛数的变化。用实验证明该性状是一种数量性状。现以 Clayton、Morris 和 Robertson 于 1957 年在果蝇中对其腹部刚毛数的选择实验与选择反应的分析为例,说明选择反应在期望值与实测值之间相吻合的程度。

选择前,从果蝇的基本群体中估计了刚毛数的遗传力。然后,从这个群体中,取 5 个各含 100 个雄体和 100 个雌体的随机样本,测量其腹部刚毛数,求其平均值作为$\overline{x}_0$。在每个样本中挑选具有最多刚毛数(上向选择)和最少刚毛数(下向选择)的个体。每种性别各选出 20 个极端类型的个体,分别求其刚毛数的平均值$\overline{x}_S$。中选个体距离它们所选择的样本的平均值的离差值即选择差 S。期望的选择反应则是按(1)式求出,这是由选择差和遗传力($h^2 = 0.52$)的乘积得来的。观测的反应就是在子代平均数与亲本所选择的样本平均数之间的差数(所有负号都省掉了)。

从表 23-1 可见,除了第三、第四世系外,期望的选择反应值与观测的选择反应值相比较时都吻合得很好。不吻合的情况说明了只进行一个世代的选择实验所得到的数据与预测数据之间容易产生误差。

表 23-1 黑腹果蝇腹部刚毛数进行一代选择的结果

世 系	上向选择			下向选择		
	S	反应		S	反应	
		期望	观测		期望	观测
1	5.29	2.75	2.60	4.63	2.41	2.44
2	5.12	2.66	2.23	4.58	2.38	2.29
3	4.44	2.31	2.43	4.38	2.27	0.67
4	4.32	2.25	3.12	5.60	2.91	1.13
5	4.8	2.54	2.68	4.12	2.14	2.63
平 均	4.81	2.50	2.61	4.66	2.42	1.84

以 Lawrence 和 Jinks 以果蝇胸侧板刚毛数选择的实验程序说明具体的实验方法。

取果蝇任何一个分离群体(最好为 F_2 的家系)为实验的原始材料。供给实验者两个培养瓶,培养瓶 Ⅰ 是(O×C)×(O×C);培养瓶 Ⅱ 是(C×O)×(C×O)。每人在每只瓶中随机地测量 10 只雄蝇和 10 只雌蝇的胸侧板刚毛数。为了建立高刚毛数的选择系(上向选择),按图 23-1 方式进行杂交。

这种交配系统比同一培养瓶中高刚毛雄蝇和高刚毛雌蝇的姐妹交配的近亲繁殖要

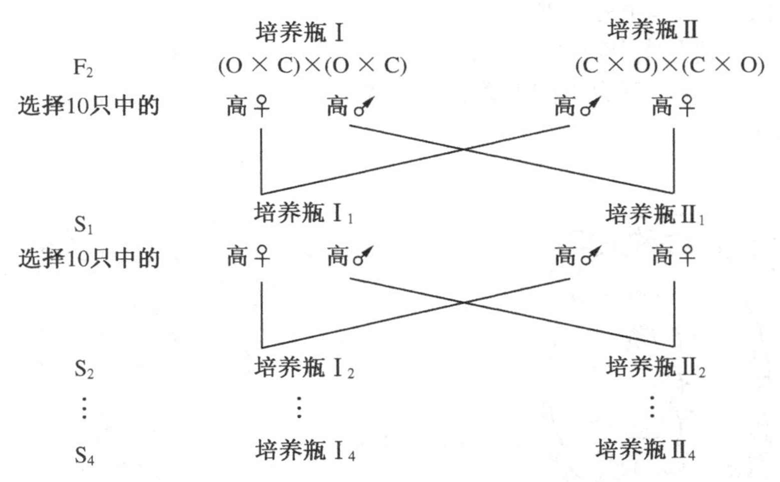

图 23-1 维持选择系的双重第一代表兄妹交配系统

(引自北京大学生物系遗传学教研室,1983)

少。低选择系(下向选择)也以同样方式建立,被选择的个体则是刚毛数最少的个体。连续选择 4 代之后,刚毛数在高系与低系中的变化结果如图 23-2 所示。

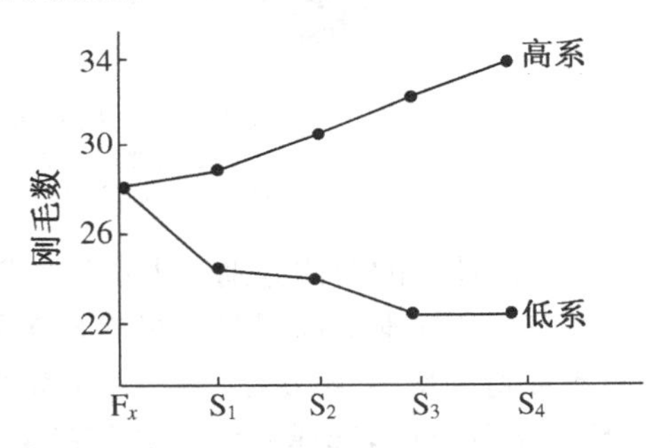

● 为 12 个培养瓶的平均数(即 240 只果蝇)

图 23-2 高低刚毛数对选择的反应

(引自北京大学生物系遗传学教研室,1983)

在这个实验模型中,留种率为 10%(从 10 个个体中选择 1 个个体作为交配用亲本,雌、雄性别中都是如此)。如果第一个选择的配偶死亡,则在每一个选择系的平行成对的培养瓶中取第二个极端的个体作为补充。

选择的实验结果表明:上向选择(高系)和下向选择(低系)对于选择都有稳定的反应。这种反应说明果蝇的刚毛数是一种数量性状。因为如果被选择的亲本的刚毛数与其培养瓶中的个体的平均刚毛数之间的差异纯属环境影响,那么将不可能期望对选择会有反应。其次,这种稳定的反应还表明,决定果蝇刚毛数目的基因有若干对,无疑这是一种数量性状。

【材料与用品】

1. 材料

D. melanogaster 的突变种,即残翅(vg)及匙状翅(nub^2)的正、反交 F_2 群体。

2. 用具及药品

(1) 用具:电子计算器、小指型管、果蝇实验常规用具。

(2) 药品:果蝇饲养的常规成分、乙醚或三乙基胺(麻醉时间比乙醚长,便于数刚毛数目的操作)、低浓度的乙醇水溶液。

【实验步骤】

1. 大约在 25 d 前完成下列杂交,以便取得 F_2 的分离群体:

$$(vgvg \times nub^2nub^2) \times (vgvg \times nub^2nub^2)$$

$$(nub^2nub^2 \times vgvg) \times (nub^2nub^2 \times vgvg)$$

上述群体作为选择用的基础群体。

2. 从两个基础群体中随机地取出各含 10 个雄体和 10 个雌体的样本。逐批麻醉,在解剖镜下逐个地计数第五腹板刚毛数。因为果蝇的性别不同,第五腹板的位置不同(图 23-3),须加注意。

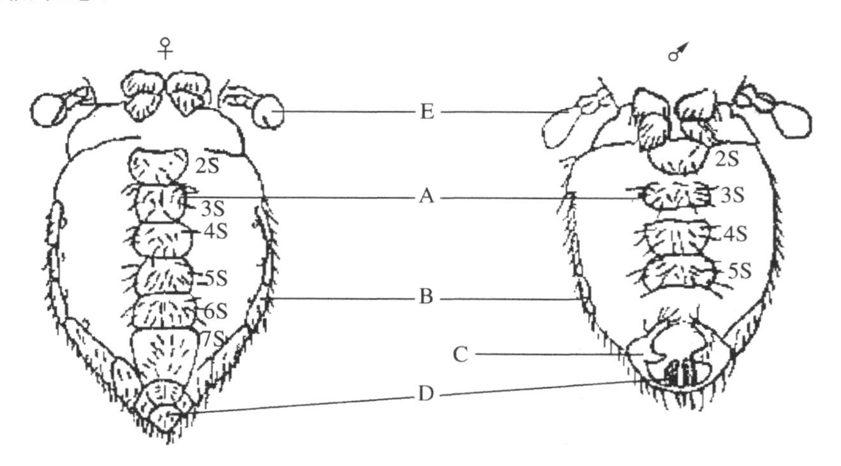

图 23-3 果蝇(雌、雄)成虫腹部结构示意图
(引自北京大学生物系遗传学教研室,1983)
A. 腹片;B. 背片;C. 生殖弓;D. 肛上板;E. 平衡棒

3. 将已计数的个体分别装入小指形管中,并在指管上记录其刚毛数与性别。

4. 在每个样本中选留具有最多刚毛数和最少刚毛数的个体各 1 只,作为中选亲本(选择率或留种率为 10%)。另一部分实验者则可各选 2 只作为亲本(留种率为 20%)。根据留种率的不同,选择的反应也会有变化。由于基本假定之一是数量性状是正态分布的,因此留种率的大小就决定选择差的大小。此外,选择差又决定于性状标准差的大小。因而有 $i=\frac{S}{\sigma_P}$。

式中,i 为选择强度,即以性状的标准差为单位的选择差,σ_P 为性状的标准差,S 为选择差。

根据正态分布的理论,留种率、选择强度的关系见表 23-2。

表 23-2 留种率、选择差和选择强度的关系(S 列中 σ_P 前面的数字是 i)

留种率	选择差 $S=i\sigma_P$	留种率	选择差	留种率	选择差
0.01	$2.665\sigma_P$	0.30	$1.159\sigma_P$	0.64	$0.584\sigma_P$
0.05	$2.063\sigma_P$	0.36	$1.039\sigma_P$	0.70	$0.497\sigma_P$
0.10	$1.755\sigma_P$	0.40	$0.966\sigma_P$	0.76	$0.409\sigma_P$
0.15	$1.554\sigma_P$	0.50	$0.798\sigma_P$	0.80	$0.350\sigma_P$
0.20	$1.400\sigma_P$	0.56	$0.704\sigma_P$	0.90	$0.195\sigma_P$
0.25	$1.271\sigma_P$	0.60	$0.644\sigma_P$	1.00	$0.000\sigma_P$

5. 按图 23-4 程序进行观测及选择杂交。

由另一部分实验者以同样方式建立低选择系,当然被选择的乃是刚毛数最少的个体。

6. 数据整理及结果分析

1) 计算基础群中(0 代)随机取得的 40 只果蝇的刚毛数的平均值与标准差($\bar{x}_0$ 及

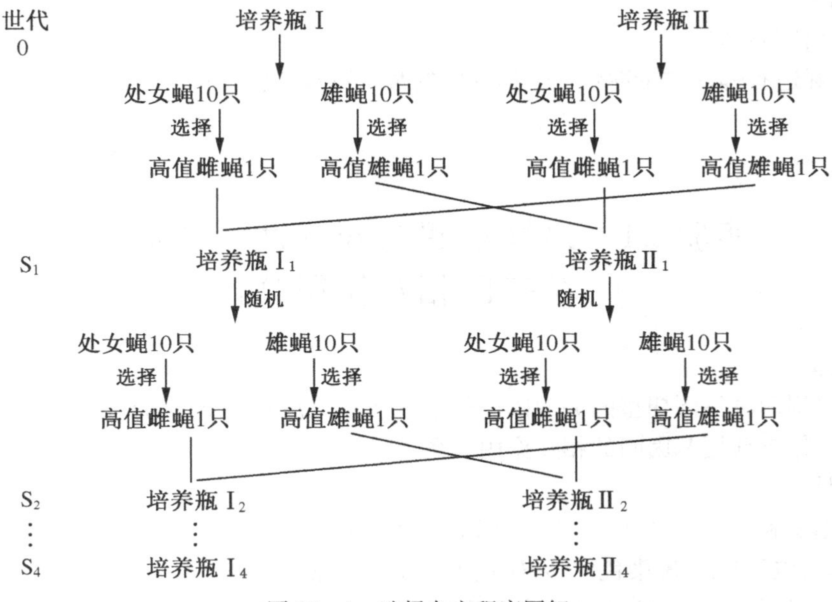

图 23－4 选择杂交程序图解

（引自北京大学生物系遗传学教研室，1983）

σ_0），第一次中选的 4 个个体的刚毛数的平均值及标准差（$\overline{x}_S$ 及 σ_S），以及 S_1 代群体中的 40 只果蝇刚毛数的平均值及标准差（$\overline{x}_{S_1}$ 及 σ_{S_1}）。

2）假定已知果蝇的腹板刚毛数的遗传力为 0.52（亦可根据前一实验中所估计五腹节刚毛数的遗传力）按下列式分别求出：

$$S=\overline{x}_0-\overline{x}_S,$$

$$\text{期望的一代选择的反应}=R_x=h^2S,$$

$$\text{观测的一代选择后的反应}=\overline{x}_{S_1}-\overline{x}_0。$$

将全部计算结果填入下面表格中，进行选择反应期望值与观测值的吻合性的比较。

留种率	上向选择			下向选择		
	S	反应		S	反应	
		期望	观测		期望	观测
10%						
20%						

3）测量 S_1、S_2、S_3、S_4 各代中随机样本的刚毛数目的平均值。按高系与低系整理数据，亦作图表示刚毛数变异的情况。

7. 实验期间（0～S_4 代）历时约 58 d。所用的常规培养瓶及饲料、温度等环境条件力求保持稳定。并要严防霉菌污染和成虫的非生理性死亡。

8. 果蝇第一个选择的配偶死亡，则在每一个选择系的平行成对的培养瓶中取第二个极端的个体作为补充。

【实验报告】

1. 写出实验结果。

2. 果蝇还有哪些数量性状？选择其中的某一数量性状，写出一个你的实验设计。

（郭善利　周国利）

实验 24　果蝇小翅与残翅性状的遗传及基因相互作用分析

【实验目的】

通过果蝇两种不同翅型的突变体进行个体杂交，观察 F_1、F_2代的分离现象及其比例，分析果蝇小翅与残翅基因间的相互作用关系。

【实验原理】

果蝇小翅和残翅都是突变性状(图 24－1 和 24－2)。两种突变表型由不同的基因控制，小翅基因位于果蝇 X 染色体，残翅基因位于Ⅲ号常染色体。

利用果蝇两种不同翅型的突变体进行杂交，观察后代翅的表型，根据后代翅的分离比分析推测果蝇小翅与残翅基因间的作用关系。

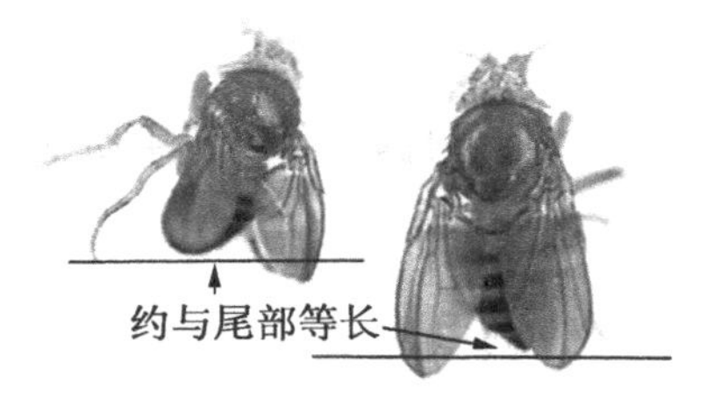

图 24－1　果蝇小翅突变体

图 24－2　果蝇残翅突变体

【材料与用品】

1. 材料

小翅品系(*mm*)、残翅品系(*vgvg*)雌雄果蝇。

2. 用具及药品

同果蝇杂交实验。

【实验步骤】

1. 确定正、反交杂交组合

正交：小翅($X^m X^m$＋＋)♀ X 残翅(X^+ Y *vgvg*)♂

反交：小翅(X^m Y ＋＋)♂ X 残翅(X^+X^+ *vgvg*)♀

2. 培养基的配制、培养瓶的准备及亲本果蝇的饲养。

3. 分别收集正、反交的处女蝇。

4. 按实验设计，在每个培养瓶中放入 5～8 对果蝇。贴好标签，25℃培养。

5. 7～8 d 后移去亲本果蝇。

6. 4～5 d 后 F_1 代成虫出现，观察其翅膀形态后处死。记录正、反交 F_1 代翅型，连续观察几天。

7. F_1 代互交：从 F_1 代中挑 5～8 对放入新的培养瓶中，25℃培养。

8. 7～9 d 后移去培养瓶中所有 F_1 成蝇。

9. 观察 F_2 代：4～5 d 后，F_2 代成蝇出现，观察并记录 F_2 翅型，连续观察几天。

10. 数据分析及 χ^2 测验。

【实验报告】

1. 按科技论文格式撰写实验报告。自行设计 F_1、F_2 观察结果记录表和 χ^2 测验结果统计表。

2. 分析讨论，写出正、反交的 F_1、F_2 代的基因型。根据实验结果分析当果蝇同时含有小翅和残翅基因时的表型，进一步推断两对基因的相互作用关系。

3. 根据分离比和 χ^2 测验结果得出实验结论。

【思考题】

1. 小翅基因和长翅基因是等位基因，残翅基因和长翅基因是等位基因，但是小翅和残翅基因为非等位基因。怎样理解等位基因及非等位基因对某一性状的影响？

2. 根据实验室所保存果蝇品系的情况，可以设计其他实验探究基因间的相互作用。

（刘　文）

实验 25　质粒 DNA 的提取与琼脂糖凝胶电泳

【实验目的】

1. 通过本实验学习和掌握碱裂解法提取质粒。

2. 掌握琼脂糖凝胶电泳技术。

【实验原理】

细菌质粒是一类双链、闭环的 DNA，大小为 1～200 kb。各种质粒都是存在于细胞质中、独立于细胞染色体之外的自主复制的遗传成分，通常情况下可持续稳定地处于染色体外的游离状态，但在一定条件下也会可逆地整合到寄主染色体上，随着染色体的复制而复制，并通过细胞分裂传递到后代。

质粒是携带外源基因进入细菌和动植物细胞中扩增和表达的重要媒介物，这种基因运载工具，在植物遗传工程中有着极为广泛的应用前景，而质粒 DNA 的分离提取是植物遗传工程中经常使用的最基本的技术，质粒 DNA 的提取效率和纯度直接影响到植物遗传工程实验的成功与否，如酶切、连接、大肠杆菌的转化、PCR 扩增等。

已有许多方法可用于质粒 DNA 的提取，目前常用的有羟基磷灰石柱层析法、煮碱法、SDS 法、碱裂解法等。由于碱裂解法具有效果好、成本低的特点，故本实验采用该法提取质粒 DNA。碱裂解法提取质粒是根据共价闭合环状质粒 DNA 与线性染色体 DNA 在拓扑学上的差异来分离它们。在 pH 为 12.0～12.5 这个狭窄的范围内，线性的 DNA 双螺旋结构解开而被变性，尽管在这样的条件下，共价闭环质粒 DNA 的氢键会被断裂，但两条互补链彼此相互盘绕,仍会紧密地结合在一起。当加入 pH 4.8 的乙酸钾高盐缓冲液恢复 pH 至中性时,共价闭合环状的质粒 DNA 的两条链彼此已完全分开,复性就不会那么迅速而准确,它们缠绕形成网状结构,通过离心,染色体 DNA 与不稳定的大分子 RNA、蛋白质- SDS 复合物等一起沉淀下来而被除去。

琼脂糖凝胶电泳是基于电荷基团之间不同吸引力的性质而区分不同分子的技术。DNA 由于脱氧骨架上连接着磷酸基团而带有负电荷,在电场中向着正极迁移。琼脂糖是琼脂的高度纯化形式,它在凝胶状态时可以形成一个网络结构让 DNA 通过。由于 DNA 片段大小不同和构型的不同,它们通过琼脂糖的速度也有所不同,大片段 DNA 通过的速度慢,而小片段 DNA 通过的速度快。不同的迁移速率使人们可以根据相对分子质量和构型的不同而区分出由不同 DNA 片段组成的混合物。利用一个特定 DNA 的相对分子质量(即 Marker)可以大致确定其所含核苷酸数目。当然影响 DNA 迁移率的还有其他因素,如电泳缓冲液的离子强度、电泳的电压大小等。

凝胶电泳不仅可以分离不同相对分子质量的 DNA,也可以分离相对分子质量相同但构型不同的 DNA 分子。如某些质粒 DNA 有 3 种构型:① 超螺旋的共价闭合环状质粒 DNA(covalently closed circular DNA, cccDNA);② 开环质粒 DNA(open circular DNA, ocDNA),即共价闭合环状 DNA 的 1 条链断裂;③ 线状质粒 DNA(linear DNA, LDNA),即共价闭合环状 DNA 的 2 条链发生断裂。由于这 3 种构型的质粒 DNA 分子在凝胶电泳中的迁移率不同,因此电泳后呈 3 条带,超螺旋质粒 DNA 泳动最快,因此在凝胶的最前端,其次为线状 DNA,最慢的为开环质粒 DNA。

【材料与用品】

1. 材料

含质粒的大肠杆菌(*E. coli*)。

2. 用具及药品

(1) 用具:恒温培养箱,恒温摇床,台式离心机,高压灭菌锅,1.5 mL 离心管(Eppendorf 管),吸头,微量移液器,琼脂糖凝胶电泳系统,紫外核酸检测仪。

(2) 药品:葡萄糖、三羟甲基氨基甲烷(Tris)、乙二胺四乙酸(EDTA)、氢氧化钠、十二烷基硫酸钠(SDS)、乙酸钾、冰醋酸、氯仿、乙醇、胰 RNA 酶、氨苄西林、蔗糖、溴酚蓝、酚、8-羟基喹啉、β-巯基乙醇、盐酸(HCl)、琼脂糖、溴化乙锭(EB)、DNA Marker。

(3) 试剂

1) 溶液Ⅰ(solution Ⅰ):50 mmol/L 葡萄糖、25 mmol/L Tris · HCl(pH 8.0)、10 mmol/L EDTA(pH 8.0),4℃保存。

2) 溶液Ⅱ(solution Ⅱ):0.4 mmol/L NaOH,2% SDS,使用前等体积混合,现配现用。

3) 溶液 Ⅲ(solution Ⅲ)(pH 4.8):若配 200 mL,三种成分的量分别为 5 mol/L 乙酸钾 120 mL、冰醋酸 23 mL 和双蒸水 57 mL。

4) TE 缓冲液:10 mmol/L Tris · HCl(pH 8.0)、1 mmol/L EDTA(pH 8.0)。

5) 70%乙醇。

6) 胰 RNA 酶(RNA 酶 A)将 RNA 酶溶于 10 mmol/L Tris · HCl(pH 7.5)、15 mmol/L NaCl 中,配成 10 mg/L 的浓度,于 100℃加热 15 min,缓慢冷却至室温,保存

于-20℃电泳缓冲液 50×TAE[242 g Tris-base,57.1 mL 冰醋酸,100 mL 0.5 mol/L EDTA(pH 8.0),定容至 1 L]。

7) 溴化乙锭(EB):10 mg/L。

8) 凝胶加样缓冲液(6×):0.25%溴酚蓝,0.25%二甲苯腈 FF,40%(*m*/*V*)蔗糖水溶液。

【实验步骤】

1. 质粒的提取

1) 从新鲜平板上挑取单菌落接种于 3~5 mL 含相应抗生素的 LB 液体培养基中,37℃,180 r/min 振荡培养过夜。

2) 取 1.5 mL 菌液,室温下 7000 r/min 离心 1 min 收集菌体,弃上清,若菌体量少可重复本步骤一次。

3) 加入 100 μL 冰预冷的溶液Ⅰ,彻底振荡悬浮菌体。

4) 加入 200 μL 溶液Ⅱ(新鲜配制),立即上下颠倒混匀,然后室温或冰上放置 5 min(使溶液变透明黏稠)。

5) 加入 150 μL 冰预冷的溶液Ⅲ,颠倒混匀,然后室温或冰上放置 5 min(溶液出现白色沉淀)。

6) 室温下 12 000 r/min 离心 5 min。

7) 将上清转移至新的离心管,加入等体积的苯酚∶氯仿∶异戊醇(25∶24∶1)或氯仿,颠倒混匀,室温下大于 12 000 r/min 离心 5 min。

8) 转移上层水相至新的离心管,加入等体积预冷的异丙醇或 2 倍体积的无水乙醇,混匀后,室温或者-20℃冰箱放置 30 min,12 000 r/min 离心 10~15 min。

9) 弃上清,75%乙醇洗涤沉淀 2 次,彻底弃去乙醇,真空抽干或空气中干燥。

10) 加入 30~50 μL TE 缓冲液或无菌水,其中含有 10 μg/mL 的 RNase A,37℃ 2~5 h 使 DNA 完全溶解,-20℃保存。

2. 质粒的琼脂糖凝胶电泳

(1) 准备凝胶:按照被分离 DNA 的大小,决定凝胶中琼脂糖的百分含量。

琼脂糖凝胶浓度/%	线性 DNA 的有效分离范围/kb
0.3	5~60
0.6	1~20
0.7	0.8~10
0.9	0.5~7
1.2	0.4~6
1.5	0.2~4
2.0	0.1~3

1) 称取 0.3 g 琼脂糖,放入锥形瓶中,加入 30 mL 1×TAE 缓冲液,置微波炉中加热至完全溶化,取出摇匀,则为 1%琼脂糖凝胶液(由于蒸发作用,溶解前在锥形瓶上作一记号,溶解后用超纯水补足)。

2) 取有机玻璃内槽,洗净,晾干,用橡皮膏将有机玻璃内槽的两端边缘封好。注意一定要封严,不能留有缝隙。放置于一水平位置,并放好样品梳子。

3) 将冷到 60℃左右的琼脂糖溶液,加 EB 母液(10 mg/mL)至终浓度 0.5 μg/mL(注意：EB 为强诱变剂，操作时戴手套)，轻轻摇匀，倒入胶槽中，并且确保凝胶中没有气泡。

4) 待凝胶凝固后，取出梳子，取下橡皮膏，放在电泳槽内。

(2) 加样及凝胶电泳

1) 加电泳缓冲液入电泳槽并且高出凝胶 1～2 mm。

2) 加样　用微量移液器将已加入上样缓冲液的质粒 DNA 样品加入加样孔，记录点样顺序及点样量。

3) 电泳　接通电泳槽与电泳仪的电源。注意正负极，DNA 片段从负极向正极移动。DNA 的迁移速度与电压成正比，最高电压不超过 5 V/cm，当溴酚蓝染料移动到距凝胶前沿 1～2 cm 处停止电泳。

(3) 结果观察：在紫外灯下(360 nm 或 254 nm)观察染色后的电泳凝胶。DNA 存在处应显出橘红色荧光条带。照相或者用凝胶成像系统保存实验结果。

【实验报告】

1. 简述质粒提取的原理及注意事项。
2. 对照你的电泳图，分析质粒 DNA 提取及检测的效果。

(赵吉强　贺继临)(姜倩倩修订)

实验 26　DNA 的 Southern 印迹杂交

【实验目的】

1. 学习 DNA 的限制性内切核酸酶酶切技术。
2. 学习并掌握 DNA 的 Southern 印迹技术。
3. 学习 DNA 探针标记的原理和方法。
4. 学习并掌握 DNA 的 Southern 杂交技术。

【实验原理】

限制性内切酶是一类能识别双链 DNA 分子中特异碱基序列的 DNA 水解酶，主要存在于原核细胞中。DNA 经限制性内切核酸酶酶切，其产物经琼脂糖凝胶电泳后，由于酶切片段长度接近而在凝胶上呈现出连续的谱带，无法分析 DNA 片段的变化情况，因此必须经过 Southern 印迹，使用特异的标记探针来对转移到膜上的 DNA 进行杂交检测。

将 DNA 片段从琼脂糖凝胶转移至硝酸纤维素或尼龙膜上的过程又称为 Southern 印迹。这项技术自 1975 年由 Southern 建立以来几乎没有什么大的改动，其过程见图 26－1，唯一的明显改变就是用尼龙膜代替了硝酸纤维素膜，相比之下，尼龙膜更易于处理，更加牢固，DNA 结合效率也更高，尤其是在低离子强度缓冲液中更是如此。此外，还有一个优点，转移至尼龙膜上的 DNA 可通过紫外线处理进行固定，仅需耗时几分钟，而采用 80℃烘烤的方法进行固定则需要 2 h。

用 ^{32}P 标记探针是一种通用的方法，然而 ^{32}P 保存时间有限，同时需要特殊的防护装置、废液处理装置，因此限制了它的使用。目前在许多实验中已改用非同位素标记替代 ^{32}P，如用地高辛－11－dUTP 标记对植物 DNA 进行分析。

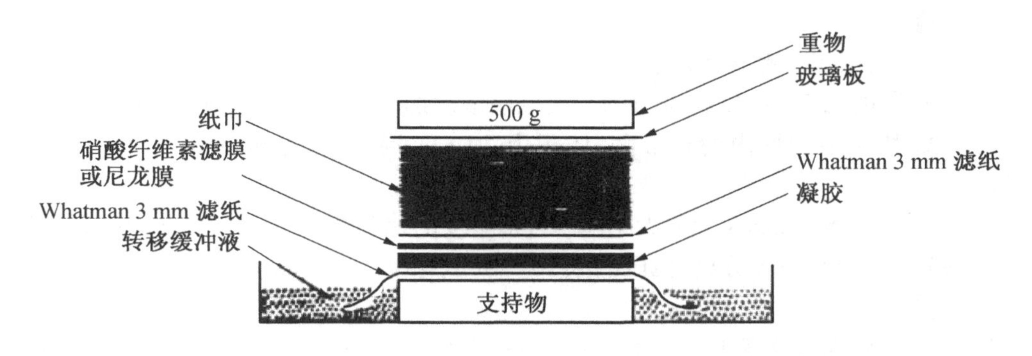

图 26-1 Southern 杂交印迹

当基因组 DNA 酶切片段被转移到尼龙膜上，而且探针已制备好之后，就可进行 Southern 杂交了。Southern 杂交获得的信号强度取决于若干因素，包括转移到膜上的基因组 DNA 的量、膜上固定的 DNA 与探针序列互补的比例、探针的大小及特异活性等。杂交信号的强度与探针的特异活性成正比而与其长度成反比。相比较而言放射性标记探针在杂交中敏感度更高一些。

本实验介绍了探针的同位素标记法和非同位素标记法，可以根据实验条件和要求选择使用。

【材料与用品】

1. 用具

电泳槽、搪瓷方盘或大培养皿、量筒、烧杯、硝酸纤维素膜或尼龙膜、玻璃板、普通滤纸、吸水纸、重物(约 500 g)、恒温烘箱、高压灭菌锅、PCR 仪、Eppendorf 管、移液器、紫外投射反射仪、放射性探测仪、杂交盒、杂交恒温箱、增感屏、低温冰箱。

2. 试剂

限制性内切核酸酶及相应的缓冲液、DNA Marker、电泳缓冲液、琼脂糖；0.25 mol/L HCl，变性液(0.6 mol/L NaCl、0.4 mol/L NaOH)，中和液(1 mol/L NaCl，0.5 mol/L Tris，pH 7.2)、10×PCR 反应缓冲液、Exo-free Klenow Fragment 酶、特异基因引物(上游引物 1、下游引物 2)、预杂交液(Church Buffer)：[终浓度为 7%SDS、1%BSA、1 mmol/L EDTA(pH 8.0)、0.25 mol/L Na_3PO_4(pH 7.2)。作为溶剂，配制 500 mL Na_3PO_4：取 70 mL 1 mol/L NaH_2PO_4、360 mL 0.5 mol/L Na_2HPO_4、70 mL H_2O]；10×SSC 或 20×SSC 溶液、10%SDS 溶液或 1%SDS 溶液、α-^{32}P-dCTP、无菌蒸馏水。

杂交液[5×SSC，0.5%SDS，0.1% *N*-精氨酸，1%封闭剂(Boehringer Mannheim)，200 μg/mL 变性鲑鱼精子 DNA]，缓冲液 1(100 mmol/L Tris·HCl，pH 7.5，150 mmol/L NaCl)，缓冲液 2[缓冲液 1+0.5%封闭剂+含 1∶20 000(*V/V*)抗-地高辛-AP(Boehringer Mannheim)]，缓冲液 3(100 mmol/L Tris·HCl，pH 9.5，100 mmol/L NaCl，50 mmol/L $MgCl_2$)，缓冲液 4[含 1∶200(*V/V*)CSPD^R(Boehringer Mannheim)]，2×SSC(30 mmol/L 柠檬酸钠，0.3 mol/L NaCl，pH 7.0)，洗膜液[0.1×SSC(1.5 mmol/L 柠檬酸钠，15 mmol/L NaCl，pH 7.0)0.1%SDS]，探针洗脱液(0.2 mol/L NaOH，0.1%SDS)，0.1×TE 缓冲液(1 mmol/L Tris·HCl，pH 8.0，0.1 mmol/L EDTA)。

【实验步骤】

1. DNA 的限制性酶切及琼脂糖凝胶分离

1) 取灭菌的 0.5 mL Eppendorf 管,按顺序依次加入无菌水、酶缓冲液、植物总 DNA 10 μg、10 U 特定限制性内切核酸酶,体积为 20 μL,混匀,离心至管底,37℃过夜充分酶切。

2) 根据要分离的 DNA 片段大小配制合适浓度的琼脂糖凝胶(含 0.1 μg/mL 溴化乙锭),将酶解产物进行电泳分离,恒压电泳 10～16 h(电压<1 V/cm)。

2. 印迹

1) 将凝胶放入搪瓷盘或大培养皿中,切去多余部分,并切去一角作样品顺序标记。加入 0.25 mol/L HCl 浸没过凝胶,缓慢摇动 10～15 min,重复一次,使 DNA 变性,溴酚蓝由蓝色变为橘黄色。

2) 将凝胶用无菌水冲洗 1 或 2 次。

3) 剪取与凝胶同样大小的硝酸纤维素膜(或尼龙膜),先用无菌水浸透5 min,再浸入变性液中。

4) 取一搪瓷盘,放入适量的变性液,瓷盘上架一玻璃板,玻璃板上平铺一张洁净的滤纸,滤纸两端要浸于变性液中,玻璃板与滤纸间不能有气泡。

5) 将凝胶放到滤纸上,让点样孔向下,用玻璃棒驱除凝胶与滤纸之间的气泡。

6) 把处理好的硝酸纤维素膜(或尼龙膜)准确地盖在凝胶上面,用玻璃棒小心驱除凝胶与滤膜之间的气泡。将两张与膜同样大小的滤纸在变性液中浸湿,将其一一放在膜上,排除膜与滤纸之间、滤纸与滤纸之间的气泡。

7) 准备与膜大小基本相同或略大的折叠好的吸水纸,放在滤纸上面高 8～10 cm,在吸水纸上放一块玻璃板,在玻璃板上放上约 500 g 的重物,水平放置,室温下转移12～20 h。注意:中间要更换、添加吸水纸。

8) 取出硝酸纤维素膜(或尼龙膜),置于中和液中浸泡 30 min,晾干,使 DNA 印迹面向下,于 254 nm 紫外光下照射 5 min 后,在滤纸上室温晾干,用保鲜膜包好,−20℃冰箱保存备用或直接用于杂交,用放射性或非放射性同位素标记的探针都行。

3. 探针的制备与杂交

(1) 同位素随机引物标记法

1) 标记探针　在 Eppendorf 管中加入模板 DNA 10 ng～1 μg(1～2 μL)、随机引物 2 μL,加无菌水至 14 μL,在 PCR 仪上 95℃加热 3～5 min 后迅速置于冰浴中放置 5 min。然后依次加入 10×Buffer(缓冲液)2.5 μL、dNTP 2.5 μL、1 μL Exo-free Klenow Fragment 酶,加无菌水定容至 22 μL,最后在杂交室中加入 $\alpha-^{32}P$ - dCTP(50 μCi)3 μL,在 PCR 仪上按以下程序进行:37℃,20 min;65℃,5 min;95℃,3 min。最后迅速置冰浴中 5 min。

2) 杂交　① 预杂交,将 DNA 膜(DNA 附着面向上)浸入 65℃预热的预杂交液中(预杂交液的加入量以刚好浸没过膜为宜),50～65℃恒温培养箱中预杂交4 h;② 杂交,将标记并已变性的探针加入预杂交液中,50～65℃杂交过夜。

3) 洗膜　① 室温条件下,2×SSC/0.5%SDS 溶液中 5 min;② 室温条件下,2×SSC/0.1%SDS 溶液中 15 min;③ 37℃条件下,0.1×SSC/0.5%SDS 溶液中30～60 min;

④ 68℃条件下，0.1×SSC/0.5%SDS 溶液中 30 min。因膜及杂交情况不同洗膜的时间长短不一定。

4）用滤纸吸去膜表面水分，用保鲜膜包裹；用 Moniter 检测放射性强度，在暗室中压上 X 光片，两面覆以增感屏，−70℃曝光 2～7 d，常规方法冲洗 X 光片。

（2）非同位素标记

1）标记探针

① 取一微量扩增反应管，加入以下试剂至终体积 50 μL。

28 μL 灭菌双蒸水，10 μL 50%灭菌甘油，5 μL 10×PCR 反应缓冲液，0.5 μL 5 mmol/L dATP，0.5 μL 5 mmol/L dCTP，0.5 μL 5 mmol/L dGTP，1 μL 2 mmol/L dTTP，1 μL 0.2 mmol/L 地高辛-11-dUTP 碱不稳定型，0.625 μL 20 μmol/L 引物 1，0.625 μL 20 μmol/L 引物 2，0.25 μL 5U/μL Taq 聚合酶，2 μL 模板 DNA。

② 按以下参数进行 PCR 扩增：94℃，1 min；94℃，15 s；48℃，30 s；72℃，3 min；35 个循环；72℃，7 min。

2）预杂交和杂交

准备好适量的杂交液，至少用 2×SSC 溶液浸洗膜两次，膜转至一装有每张膜至少 40 mL杂交液的平底塑料盒中（一次最多可同时杂交 10 张膜），65℃保温 5 h，轻微振荡；向探针中加入至少 500 μL 杂交液，100℃加热 10 min，变性，冰上骤冷；将膜放入可加热封口的塑料袋中，每个塑料袋放一张膜，加入 40 mL 含有变性探针（20 ng/mL）的新鲜杂交液，赶尽气泡后加热封口；杂交袋 65℃轻轻振摇杂交过夜。

3）洗膜 ① 准备好足量的洗膜液，剪去杂交袋一角，倒尽杂交液，用过的杂交液可用于 4℃或−20℃长期保存并可用于该探针的再杂交；② 沿 3 条边缘剪开杂交袋，取出膜并立即浸入一装有数毫升洗膜液的浅盘中；③ 将膜转移至另一装有足量洗膜液的浅盘中（1 张膜需要 120 mL），室温下轻轻摇动 5 min；重复步骤③；④ 将膜转移至一装有足量洗膜液的平底塑料盒中（1 张膜需要 120 mL），65℃保温 15 min；重复步骤④两次。

4）化学荧光检测（以下几个步骤均需在 37℃操作，且轻微振荡）

① 将膜转移到一个装有缓冲液 1 的平底塑料盒中，缓冲液用量为每张膜至少 100 mL，温育 5 min。

② 将膜转移到一个新的装有缓冲液 2 的平底塑料盒中，缓冲液用量为每张膜至少 40 mL，温育 1 h。

③ 将膜转至一新的平底塑料盒中，盒中装不含地高辛抗体的缓冲液 2，缓冲液用量为每张膜至少 25 mL，温育 30 min。

④ 将膜转至一新的装有新鲜的缓冲液 1 的平底塑料盒中（每张膜至少100 mL），洗膜 3 次，计 30 min。

⑤ 将膜转至一新的装有缓冲液 3 的平底塑料盒中（每张膜至少 100 mL），保温5 min。

⑥ 将每张膜划入一个可加热封口的塑料袋中，加入 40 mL $CSPD^R$ 的缓冲液 3，放置 5 min，赶尽气泡后加热封口。含 $CSPD^R$ 的缓冲液 3 可于−20℃保存以备再次使用。

⑦ 用保鲜膜将湿润的膜包好，室温下放置过夜。尽量除去气泡。

⑧ 在压片夹中用 X 光片，室温下曝光 4～6 h，若杂交信号过强、背景较高或者信号太弱，则相应缩短或延长曝光时间。

⑨ 在暗室中对X光片进行显影、定影,经流水冲洗后晾干,即可进行观察。

4. 注意事项

1) 回收的杂交液重复使用前应煮沸10 min。

2) 使用尼龙膜时,用CDPStar™做底物,信号检出速度较CSPD^R快10倍,且数分钟内即可达到最大光发射值。使用CDPStar™时,缓冲液2中应含1∶50000(*V*/*V*)抗-地高辛-Ap。缓冲液中应含1∶2500(*V*/*V*)CDPStar™。

3) 加入底物CSPD^R后,信号可在4 h后达到峰值,并可稳定至少24 h。

4) 在用非碱不稳定的地高辛-11-dUTP进行荧光反应放射自显影分析时要格外慎重。一个问题是在同一张膜重复使用时,可能会重复检出原有探针,这是由化学荧光反应的本质所决定的,即使是最小量的残留探针也可重复检出。因此,杂交后从尼龙膜上洗去探针这一步非常关键,必须仔细操作。如果使用碱不稳定的地高辛-11-dUTP(Boehringer Mannheim),这个问题就可避免了。

【实验报告】

1. 为什么在印迹转移过程中特别强调玻璃板与滤纸之间、滤纸与滤纸之间等不能有气泡?

2. 若实验中没有杂出预期的条带,可能的原因是什么?

(赵吉强　贺继临)

实验27　植物细胞总DNA和RNA的提取与纯化

【实验目的】

1. 学习从植物材料中提取DNA的原理并掌握CTAB提取DNA的方法,进一步了解DNA的性质。

2. 了解真核细胞中RNA的种类及其功能,学习从植物组织分离总RNA的方法。

【实验原理】

植物细胞内各种DNA(包括基因组DNA和核外DNA)称为总DNA。高等植物的DNA与蛋白质结合成脱氧核糖蛋白(DNP),能溶解在纯水或1 mol/L的NaCl溶液中,而不溶于有机溶剂。提取DNA时,一般先破碎细胞释放出DNP,再用含少量异戊醇的氯仿除去蛋白质,最后用异丙醇或乙醇把DNA从抽提液中沉淀出来。目前从样品中分离DNA的方法主要有两种:CTAB法和SDS法。CTAB法是最经典的植物DNA提取方法。十六烷基三甲基溴化铵(cetyl triethylammonium bromide, CTAB)是一种阳离子去污剂,可以有效地裂解植物细胞膜,且与DNP形成可溶于高盐溶液的复合物(NaCl提供高盐环境),当降低盐浓度时DNA又可沉淀析出,从而与蛋白质及多糖等分离。为了得到纯的DNA制品,可用适量的RNase处理提取液,以降解DNA中掺杂的RNA。β-巯基乙醇作为还原剂可以防止酚类的氧化。

细胞中的DNA经转录后形成RNA,高等动植物细胞中总RNA的80%~85%是rRNA(主要是18S、28S、5.8S和5S 4种),剩余的15%~20%中大部分由不同的低相对分子质量的 RNA 组成(如 tRNA、小核 RNA)。这些高丰度的 RNA 的大小和序列确定，可通过凝胶电泳、密度梯度离心、阴离子交换层析和高压液相层析分离。相反，占 RNA 总量 1%～5%的 mRNA 无论是大小还是序列都是相异的，其长度从几百到几千碱基不等，但是大多数真核 mRNA 的 3′端带有足够长的 poly(A)，可使其通过与携带有寡聚 d(T)的纤维素亲和而纯化。

RNA 比 DNA 的化学性质更活跃，易被污染的 RNA 酶所切割，其原因是核糖残基在 2′和 3′位带有羟基。由于 RNA 酶从裂解的细胞中释放且存在于皮肤上，因此要小心防止玻璃器皿、操作平台及浮尘中 RNA 酶的污染。目前尚无使 RNA 酶失活的简易办法。链内二硫键的存在使许多 RNA 酶可抵抗长时间煮沸和温和变性剂，变性的 RNA 酶可迅速重新折叠。和大多数 DNA 酶不同，RNA 酶不需要二价阳离子激活，因此难以被缓冲溶液中加入的 EDTA 或其他金属离子螯合剂失活。防止 RNA 酶最好的办法就是在第一步即避免污染，并用焦碳酸二乙酯(DEPC)处理所有的器皿、溶液和缓冲液。DEPC 是一种十分有效的不可逆 RNA 酶抑制剂。向每种溶液中加入 20 mmol/L DEPC 混匀，处理至少 1 h 后，120℃高温灭菌 20 min 除去残余的 DEPC。DEPC 不能用来处理含有 Tris 的缓冲液，应用新开封的 Tris 粉末和用 DEPC 处理后灭菌的双蒸水配制。注意：有关 DEPC 的操作应在通风橱中戴手套进行。

现在已经有多种较为成熟的分离总 RNA 的方法。总 RNA 包括线粒体 RNA、叶绿体 RNA、rRNA、tRNA、hnRNA 和 mRNA。提取缓冲液一般都含有诸如 SDS 这样的强去污剂及异硫氰酸胍、烟酸胍或酚这样的有机变性剂，这些试剂可以抑制 RNA 酶的活性，并有助于除去非核酸成分。目前正在使用的 RNA 提取方法有：CsCl 离心法、盐酸胍法、酸性酚-异硫氰酸胍-氯仿法、Trizol 法等。本实验主要介绍酸性酚-异硫氰酸胍-氯仿法和 Trizol 法两种最常用的 RNA 提取方法。用这两种方法提取的 RNA 均可用于 Northern 杂交、cDNA 合成和体外翻译等实验。

【材料与用品】

1. 材料

植物的根、茎、叶、愈伤组织等新鲜材料，冷冻干燥的材料或干品均可用于 DNA 的提取，RNA 的提取最好采用新鲜植物材料或超低温冰箱保存的植物材料。

2. 主要仪器

电子天平，高速冷冻离心机，恒温水浴锅，研钵，50 mL 离心管，1.5 mL 离心管，微量移液器及吸头，－20℃冰箱，漩涡振荡器，pH 计。

3. 试剂

(1) CTAB 提取缓冲液：100 mmol/L Tris-HCl(pH 8.0)，20 mmol/L EDTA-Na_2，1.4 mol/L NaCl，2% CTAB，使用前加入 0.1%(V/V)的β-巯基乙醇。用 HCl 调 pH 至 8.0。

(2) TE 缓冲液：10 mmol/L Tris-HCl，1 mmol/L EDTA(pH 8.0)。

(3) DNase-free RNase A：溶解 RNase A 于 TE 缓冲液中，浓度为 10 mg/mL，煮沸 10～30 min，除去 DNase 活性，－20℃冰箱贮存。

(4) 氯仿-异戊醇混合液(24∶1，V/V)：240 mL 氯仿加 10 mL 异戊醇混匀。

(5) 3 mol/L 乙酸钠(NaAc，pH 4.8，pH 5.2)：称取 NaAc · $3H_2O$ 81.62 g，用蒸馏

水溶解,配制成200 mL,用HAc调pH至5.2或4.8(配制两种)。

(6)异硫氰酸胍溶液:4 mol/L 异硫氰酸胍(GIT),25 mmol/L 柠檬酸钠(pH 7.0),0.5%十二烷基肌氨酸钠(sarcosyl),0.1 mol β-巯基乙醇(用时再加,0.36 mL/50 mL体系)。

(7)其他试剂:DEPC处理的双蒸水(DEPC-DDW),Trizol试剂,70%乙醇及无水乙醇,2 mol/L 乙酸钠(pH 4.8),2 mol/L LiCl,用0.1 mol/L Tris-HCl(pH 8.0)饱和酚(分子生物学纯),氯仿,液氮。

【实验步骤】

1. 植物总DNA的提取

1)在50 mL离心管中加入15 mL CTAB提取缓冲液,置于60~65℃的水浴中预热。

2)称取2~5 g新鲜植物幼嫩组织如叶片等材料,用自来水、蒸馏水先后冲洗叶面,用滤纸吸干水分备用。叶片称重后剪成1 cm长,置研钵中,经液氮冷冻后研磨成粉末。

3)将粉末直接加入到预热的CTAB提取缓冲液中,混匀,于65℃水浴保温30 min,不时地轻轻摇动混匀。

4)加等体积的氯仿/异戊醇(24∶1),盖上瓶塞,温和摇动,使成乳状液。室温下4000 r/min离心10 min,小心地吸取含有核酸的上层清液于另一干净的离心管中。

5)在上层清液中加入2/3体积的异丙醇,边加边用细玻棒沿同一方向搅动,可看到纤维状的沉淀(主要为DNA)迅速缠绕在玻棒上。小心取下这些纤维状沉淀,加1~2 mL 70%乙醇冲洗沉淀,轻摇几分钟,除去异丙醇,即DNA粗制品。

6)上述DNA粗制品含有一定量的RNA和其他杂质。可将DNA溶于TE缓冲液中,加入10 mg/mL的RNase溶液,使其终浓度达50 μg/mL,混合物于37℃水浴中保温30 min除去RNA。

7)加入1/10体积的3 mol/L NaAc及2×体积的冰冷乙醇,混匀,-20℃放置20 min左右,DNA形成絮状沉淀。

8)用玻棒捞出DNA沉淀或用剪去前端尖部的大枪头吸出絮状DNA至1.5 mL Eppendorf管中,用70%的乙醇漂洗,再在干净吸水纸上吸干。

9)将DNA重溶解于一定体积的TE缓冲液中,-20℃贮存。

10)取2 μL DNA样品在0.7% Agarose胶上电泳,检测DNA的分子大小。同时取15 μL稀释20倍,测定OD_{260}/OD_{280},检测DNA含量及质量。

DNA的紫外吸收高峰为260 nm,吸收低峰为230 nm,而蛋白质的紫外吸收高峰为280 nm。若$OD_{260}/OD_{230} \geqslant 2$且$OD_{260}/OD_{280} \geqslant 1.8$,表示RNA已经除净,蛋白含量不超过0.3%。

2. 植物总RNA的提取

(1)异硫氰酸胍法提取植物总RNA

1)称取2 g新鲜植物叶片,液氮中研磨成粉,移入50 mL离心管中。

2)加入4 mol/L 异硫氰酸胍裂解液6 mL涡旋90 s,加入2 mol/L NaAc(pH4.8)2 mL,涡旋90 s,再加入6 mL苯酚,2 mL氯仿,混匀,4℃,8000 r/min,离心15 min。

3）取上清液至另一干净 DEPC 水处理过的离心管中，加入 2 倍体积的无水乙醇，－20℃，放置 1 h。

4）4℃，8000 r/min 离心 15 min，弃上清液，在沉淀中加入 1 mL 2 mol/L LiCl，使沉淀溶解。

5）移入 1.5 mL Eppendorf 管中。

6）3000 r/min，离心 15 min，弃上清液；在沉淀中加入 400 μL 水（经 DEPC 处理），再加入 400 μL 氯仿，混匀。

7）13000 r/min，离心 6 min，上清液加入 1/10 体积 3 mol/L NaAc（pH 5.2）和两倍体积的无水乙醇，－20℃放置过夜。

8）13000 r/min，离心 13 min，将沉淀 RNA 用 70％乙醇洗涤 2 次（70％乙醇用 DEPC－H_2O 配制）。

9）RNA 沉淀室温下稍干燥，加 40 μL DEPC－H_2O 溶解，－70℃保存备用。

（2）Trizol 试剂提取植物总 RNA

1）称取 0.1 g 新鲜叶片，液氮中研磨成粉，移入 1.5 mL 离心管。

2）加入 1 mL Trizol 试剂，充分混匀（样品体积不能超过 Trizol 体积的 1/10），4℃离心，12000 *g* 10 min。

3）上清液移入新管，室温放置 5 min 以使核酸复合物分开，加入 0.2 mL 氯仿，摇动 15 s 混匀后，室温放置 3 min。

4）4℃离心，12000 *g* 10 min，上清液移入新管，加入 1 倍体积异丙醇，室温放置 10 min。

5）4℃离心，12000 *g* 10 min，70％乙醇洗涤沉淀。

6）RNA 溶于 20 μL DEPC－H_2O，55℃放置 10 min；－70℃贮存，用于下一步实验。

【实验结果】

1. 琼脂糖电泳检测提取的 DNA，应可见完整未降解 DNA 条带。

2. 琼脂糖凝胶电泳检测提取的 RNA，应可见完整未降解的 5S RNA、18S RNA、28S RNA 条带。

【注意事项】

在 RNA 的提取过程中，为避免 RNA 酶的污染，实验所需的全部溶液、玻璃及塑料器皿都必须特别处理。

1. 实验过程中，必须戴一次性塑料手套以防皮肤的 RNA 酶污染。

2. 所用的有机试剂，如醇类、氯仿等均需新鲜启用并禁止与其他实验混用。

3. 配制试剂所用的水均需 DEPC 处理，并经高压灭菌除去 DEPC。

4. 移液器吸头、离心管等需 DEPC 水浸泡至少 24 h，并经高压灭菌除去 DEPC 烘干后使用；研钵可经 180℃烘烤至少 4 h 后使用。

5. 提取的 RNA 样品可用比色法检测浓度及纯度，纯 RNA 溶液其 A260/A280 应为 1.7～2.0，比值小则可能有蛋白质或酚类的污染，过大则可能被异硫氰酸胍污染；A260/A230 应大于 2.0，否则可能有小分子及盐存在。

6. 电泳检测时，制胶容器、电泳槽均需经过 RNA 酶失活处理，电泳缓冲液及琼脂糖凝胶用灭活 DEPC 水配制。

【实验报告】

1. 制备的 DNA 在什么溶液中较稳定?
2. 为了保证植物 DNA 的完整性,在吸取样品、抽提过程中应注意什么?
3. 提取 RNA 时,如何有效避免 RNA 酶的污染?
4. 如何判断所提 RNA 的质量是否符合实验要求?

(赵吉强　邵　群　高秀清)

第三部分

研究性实验

实验 28　果蝇伴性遗传与非伴性遗传的比较

【实验目的】

了解伴性基因、常染色体基因在遗传方式上的不同，进一步加深理解两者之间的区别与联系。

【实验原理】

位于性染色体上的基因，其传递方式与雌雄性别有关，因此称为伴性遗传。果蝇红眼（+）、白眼（w）性状基因与 X 染色体连锁，Y 染色体上没有相应等位基因。常染色体上的基因遗传时，性状的分离与性别无关。果蝇中隐性黑檀体基因（e）位于常染色体的第Ⅲ染色体上。如同时考虑两对等位基因（$E,e;+,w$）的遗传时，后代性状分离将出现有趣的组合，通过观察后代性状的遗传特点，有助于对经典遗传学规律的进一步理解。

【材料与用品】

1. 材料

黑腹果蝇品系：黑檀体、白眼。

2. 用具与药品

同实验 2。

【实验步骤】

1. 选择处女蝇

选取纯合黑檀体处女蝇（$ee\mathrm{X}^{+}\mathrm{X}^{+}$）和纯合白眼处女蝇（$EE\mathrm{X}^{w}\mathrm{X}^{w}$），分别放于含新鲜培养基的培养瓶内饲养备用。

2. 杂交

将处女蝇和雄蝇各 3～5 只分别麻醉，放入同一培养瓶内，完成下列杂交：

A. 正交：黑檀体♀ × 白眼♂　　　　B：反交：白眼♀ × 黑檀体♂

$ee\mathrm{X}^{+}\mathrm{X}^{+} \times EE\mathrm{X}^{w}\mathrm{Y}$　　　　$EE\mathrm{X}^{w}\mathrm{X}^{w} \times ee\mathrm{X}^{+}\mathrm{Y}$

写明标签（注明杂交组合、杂交日期及实验者姓名），放在 20～25℃的培养箱内培养。如果温度合适，可各自带回宿舍，妥善保管。第二天观察果蝇的存活情况，如有死亡，及时补充。

3. 移去亲本果蝇

一周后移去杂交瓶内的亲本果蝇，检查亲本性状。

4. 观察 F_1 代成蝇

再过一周，观察 F_1 代成蝇的“体色”、“眼色”两对性状和性别的关系（注意观察正、反交结果），记录结果填入表格并进行计数。

5. F_1 代自交

从正、反交的 F_1 代中各选取 10 对成蝇分别移入新鲜培养基，继续 F_1 代自交。写明标签，进行培养。

6. 移去 F_1 代果蝇

约一周后，移去 F_1 代果蝇。

7. F_2代果蝇观察与记录

再过一周，待F_2代果蝇出现后，每隔一天引出麻醉一次，观察其性状，仔细计数并比较（正、反交）各种可能的表型及其与性别的联系，对实验结果进行分析与讨论。

8. 进行χ^2检验

【实验报告】

1. 写出F_2代果蝇的表型，统计实验结果，进行χ^2检验。
2. 讨论并分析黑檀体与灰体、白眼与红眼的遗传规律的差别。
3. 实验为什么要做正、反交？
4. 可根据本实验另外设计相关杂交组合进行适当探索性研究。

（邵 群）

实验29 利用果蝇检测生活中的有毒有害物质或环境污染物

【实验目的】

学习用果蝇实验检测生活中有毒有害化学物质或环境污染物的方法，为相关探索研究打下一定基础。

【实验原理】

黑腹果蝇属多细胞生物，具有生存期短、繁殖量大、饲养简便、反应灵敏等优点，因此常被用来检测环境污染、化学物质或保健食品的作用等，其中果蝇生存实验、果蝇体内超氧化物歧化酶（superoxide dismutase，SOD）活性及丙二醛（malondialdehyde，MDA）含量、果蝇伴性隐性致死实验（SLRL）等是常用的检测内容或方法。本实验选用果蝇生存实验来检测某种化学物质的毒害性。

【材料与用品】

1. 材料

黑腹果蝇。

2. 用具及药品

同实验2。

【实验步骤】

1. 确定待测物质及其获取方法。
2. 培养基的配制、培养瓶的准备及黑腹果蝇的饲养。
3. 待检测物质的适口性实验：设计含有不同浓度待测物质的实验培养基，进行果蝇培养，确定正式实验时应选择的合适浓度范围，每组实验均设计重复组。
4. 根据适口性实验确定合适的待测物浓度，配制实验培养基。同时用果蝇普通培养基作为空白对照。根据所检测物质，也可以设计适当的阳性对照。
5. 收集8 h内羽化未交配的果蝇，每个浓度组雌雄果蝇各200只，雌雄分开分别放入含有不同培养基的培养瓶中，每个培养瓶20只，25℃培养（根据实验情况，可以更改每个浓度组的果蝇数）。

6. 每 2 d 记录果蝇的死亡数目，每 4 d 更换新鲜培养基，直到果蝇全部死亡。

【实验报告】

1. 按科技论文格式撰写实验报告。自行设计观察结果记录表及结果分析表。

2. 根据实验数据计算雌雄果蝇的半数死亡天数、平均寿命、平均最高寿命(最后死亡的 10 只果蝇的平均寿命)。

3. 绘制雌雄果蝇的生存曲线(横坐标为生存天数，纵坐标为死亡果蝇数或存活果蝇数)。

4. 实验数据的统计处理、差异显著性分析。

5. 分析讨论待测物质对果蝇寿命的影响并得出结论。

【思考题】

为了进一步完善实验，设计后续实验方案并说明理由。

(刘　文)

实验 30　染色质的分离及组成成分分析

【实验目的】

1. 掌握染色质分离的方法。

2. 了解染色质组成成分分析的方法。

【实验原理】

染色质是遗传物质的载体，在间期细胞核中呈现分散状态。当细胞分裂时进一步螺旋化，折叠成染色体。它是真核生物核基因遗传和变异的物质基础。本实验以大鼠肝细胞为材料说明染色质制备的一般原理和方法。

先把细胞匀浆于一定的介质中，再经过过滤除去细胞碎片，用低速离心把核沉淀，去含有其他颗粒和可溶性蛋白及核酸的上清，用含有 EDTA 盐溶液洗涤。用中性非离子型去污剂 TritonX－100 抑制核酸酶的活性，溶解膜状物质，去除染色质上膜物质的污染。EDTA(乙二胺四乙酸)是螯合剂，能和三价离子螯合，抑制 DNA 酶的活性，并可去除染色质上污染的蛋白质。

【材料与用品】

1. 材料

大鼠肝细胞。

2. 用具及药品

(1) 用具：冷冻离心机、刀匀浆器、玻璃匀浆器、医用纱布、电磁搅拌器、解剖用具、烧杯、量筒等一般玻璃器皿。

(2) 药品

1) A 液(匀浆缓冲液)：0.075 mol/L NaCl－0.024 mol/L EDTA，pH 8。

2) B 液(悬浮与洗涤缓冲液)：10 mmol/L Tris・HCl－0.2 mmol/L EDTA－0.1% TritonX－100，pH 8.0。

3) C液：10 mmol/L Tris/HCl－0.2 mmol/L EDTA，pH 8.0。

4) D液：1.7 mol/L 蔗糖－0.01 mol/L Tris/HCl－0.2 mmol/L EDTA，pH 8.0。

以上各种缓冲液均含有0.1 mmol/L 甲苯磺酰氟(PMSF，MW174)，制备该溶液时可以先配制50 mmol/L PMSF贮液，即称取0.87 g PMSF溶于100 mL的异丙醇或95%乙醇中即可，临用时按稀释比例加入缓冲液。

【实验步骤】

本实验采用BONNER法。

1. 染色质的分离

全部操作都在0～4℃条件下进行，全部试剂均存于冰箱中。

1) 把饥饿24 h的大白鼠断颈处死，剖腹取肝，剪成小块于冷生理盐水中，洗去血污。

2) 称15 g肝(约3只大白鼠肝脏)在冰浴上剪碎，加入200 mL A液和1 mL辛醇以消除泡沫。在刀匀浆器中匀浆，快速1 min，慢速1～2 min，每15 s间歇数秒。

3) 把匀浆液用4层纱布过滤。滤液经1500 *g* 离心10 min。弃去混浊的上液。

4) 沉淀加入150 mL A液，匀浆，使沉淀悬浮。悬浮液再经1500 *g* 离心10 min，沉淀再以80 mL A液洗涤两次，可得到较纯净的细胞核。

5) 将此核沉淀加入80 mL B液，在玻璃匀浆器中匀浆10～15次，破核，再经1500 *g* 离心10 min，获得粗染色质沉淀。然后再用80 mL B液匀浆，依次经4500 *g*、12000 *g* 各离心10 min，反复洗涤染色质沉淀。

6) 把染色质沉淀加入20 mL C液，用玻璃匀浆器匀浆，电磁搅拌器搅拌1 h。把悬浮液分成4份，每份5 mL铺在25 mL D液之上，经70 000 *g* 离心3 h，即可获得纯化的染色质沉淀。

7) 倒去上清液，将沉淀悬浮在C液中，在30 000 *g* 离心20 min，洗涤两次，以除去染色质上残留的蔗糖。或者将悬浮液对C液在冰箱中透析过夜，亦可除去蔗糖。

8) 本法纯化的染色质可用电镜观察，用于组成成分的定量分析、免疫反应及DNA和染色质蛋白质(组蛋白和非组蛋白)的制备等实验。

2. 染色质纯度的鉴定

(1) 紫外吸收的特征曲线：将染色质沉淀加入双蒸水(pH 8，用 NH_4OH 调)用刀匀浆器冰浴匀浆2 min(快速)，然后冰箱中电磁搅拌0.5～1 h，经10 000 *g* 离心30 min，可获得含纯染色质的上清液，最终使染色质稀释30倍。或者取染色质沉淀在0.1 mmol/L Tris/HCl(pH 8)缓冲液中悬浮，加入等体积的0.1 mol/L NaOH溶液使之溶解，然后用双蒸水(pH 8)稀释30倍以上，即可用于测定。

用紫外分光光度计测定染色质溶液在190～340 nm(或230～340 nm)范围内的OD值变化。纯染色质的紫外吸收光谱，在320 nm测不到吸收值，而在220 nm和260 nm出现高吸收峰。根据经验数据，纯染色质的 OD_{320}/OD_{260} 值应小于0.05。

(2) 熔解温度 T_m 值的特征：各种来源的染色质 T_m 值是恒定的，并且比相应的DNA的 T_m 值高。如大鼠肝DNA的 T_m 值为68℃，常染色质的 T_m 值为81℃，异染色质 T_m 值近似86℃。熔解温度可用257 nm相对紫外吸收测定。

(3) 形态观察：纯染色质呈黏液状，用醋酸洋红常规染色法，在光学显微镜下可以观察到疏散的网状纤维结构。电子显微镜下可以观察到直径为100～300Å粗细不等、交叉成网状的纤维,250～300Å 纤维上有螺旋斜纹和 100Å 纤维的念珠状结节,呈现出染色质的多级螺旋结构。

(4) 染色质组成成分的分析(Sinclair 法)

1) 取染色质 1 g,加入预冷的 0.25 mol/L HCl－0.9%NaCl 20 mL,充分匀浆后,在 4℃条件下电磁搅拌 1.5 h。12 000 *g* 离心 10 min,上清液用 0.52 mol/L HCl－0.9% NaCl 补充到 25 mL。用 Folin 酚法测上清液组蛋白的含量,以牛血清白蛋白为标准。

2) 把 1)的沉淀(去组蛋白染色质沉淀),用冷 10%TCA(三氯乙酸)洗两次后加入 10 mL0.3 mol/L KOH 匀浆,匀浆液在 37℃水浴保温 1 h。冷却使沉淀完全,再用 5% PCA($HClO_4$,高氯酸)调 pH 1～2。12 000 g 离心 5 min,上清液用0.3 mol/L KOH－$HClO_4$(pH 1.5)补充到 25 mL。用地衣酚法测上清液 RNA 含量,以酵母 RNA 为标准。

3) 沉淀加 15 mL 10% PCA 匀浆,匀浆液在 70℃水浴保温 30 min。12 000 *g* 离心 10 min,上清液用 10% PCA 补充到 25 mL。用二苯胺法测定上清液 DNA 含量,以小牛胸腺 DNA 为标准。

4) 沉淀用适量 0.05 mol/L 或 0.1 mol/L NaOH 溶解(25℃),12 000 *g* 离心5 min,上清液用 0.05 mol/L NaOH 补充至 25 mL,其中的非组蛋白用 Folin 酚法测定,以牛血清蛋白为标准。

5) 根据 DNA、组蛋白、RNA 和非组蛋白的含量,以 DNA 为 1,计算出大鼠肝染色质各组分的比值。

附 1

FOLIN 酚法测定蛋白质含量

一、原理

蛋白质在碱性条件下与铜形成复合物,然后又与钨酸钠-钼酸钠混合物产生蓝色反应,在 750 nm 有最大吸收。若蛋白质浓度超过 25 μg/mL 时,应在 500 nm 测定。本法灵敏,可测出 0.2 μg/mL 的蛋白质。

二、试剂

1. 试剂甲

使用前将 4%Na_2CO_3 和 0.2 mol/L NaOH 等体积混合,1%$CuSO_4 \cdot 5H_2O$ 和 2%酒石酸钾钠等体积混合。然后将两者按 50∶1 混合。当天使用。

2. 试剂乙(Folin 酚试剂)

在 2000 mL 的磨口回流装置内加入 100 g 钨酸钠($Na_2WO_4 \cdot H_2O$)、25 g 钼酸钠($Na_2MoO_4 \cdot 2H_2O$),700 mL 蒸馏水,再加 50 mL 85%磷酸及 100 mL 浓硫酸,充分混合后,以小火回流 10 h。再加入 150 g 硫酸锂(Li_2SO_4),50 mL 蒸馏水及溴液数滴。然后开口继续沸腾 15 min 以去除过量的溴。冷却后定容到 1 L。过滤后,呈绿色,置于棕色试剂瓶中冰箱保存。使用时用标准氢氧化钠溶液滴定,酚酞为指示剂。最后约稀释 1 倍,浓度即 1 mol/L。存于冰箱中可长期保存。

3. 蛋白质标准液(先用定氮法确定蛋白质纯度)

用牛血清白蛋白配成 250 μg/mL 的水溶液。

三、实验步骤

1. 绘制标准曲线

按 0 mL、0.1 mL、0.2 mL、0.4 mL、0.6 mL、0.8 mL、1.0 mL 往试管中加入蛋白质标准液，然后各管加双蒸水至 1 mL。再加试剂甲 5 mL 混匀，30℃保温 10 min，加试剂乙 0.5 mL，快速混匀，30℃保温 30 min，在 500 nm 测光密度。每种蛋白质标准浓度测两管，取平均值。以蛋白质浓度为横坐标，光密度为纵坐标，绘制标准曲线。

2. 样品的测定

按下表顺序进行，在 500 nm 下测光密度。

	HP		NHP		对 照
编号	1	2	3	4	5
样品/mL	0.05	0.1	0.05	0.1	0
蒸馏水/mL	0.95	0.9	0.95	0.9	1
试剂甲/mL	5	5	5	5	5
30℃ 保温 10 min					
试剂乙/mL	0.5	0.5	0.5	0.5	0.5
快速混匀 30℃ 保温 30 min					
OD_{500}					

3. 计算

（1）查标准曲线得蛋白质浓度可测定范围是 25～250 μg/mL 蛋白质。

（2）用标准液标准值对比：

$$蛋白质浓度(\mu g/mL)=\frac{待测液\ OD\ 值-对照液\ OD\ 值}{标准液\ OD\ 值-对照液\ OD\ 值}\times 标准液蛋白质浓度\times 稀释倍数$$

附 2

二苯胺法测 DNA 含量

一、原理

DNA 与强酸共热分解为嘌呤碱基、脱氧核糖和脱氧嘧啶核苷酸。脱氧核糖在酸性条件下又脱水生成 ω-羟基-γ-酮基戊醛，和二苯胺作用形成蓝色物质，在 595 nm 有最大吸收，以小牛胸腺 DNA 为标准，进行 DNA 含量测定。

二、试剂

1. 二苯胺试剂

4 g 二苯胺溶于 400 mL 冰醋酸中，再加 40 mL $HClO_4$。使用前取 100 mL，加入 1 mL 1.6%乙醛。

2. DNA 标准曲线（用定磷法确定 DNA 纯度）

取小牛胸腺 DNA，以 0.01 mol/L NaOH 溶液配制成 200 μg/mL。

三、实验方法

1. 绘制标准曲线

取 10 支试管,分成两组,各加 0.4 mL、0.8 mL、1.2 mL、1.6 mL、2.0 mL DNA 标准液,加双蒸水到 2 mL。另取 2 支试管加入双蒸水为对照。各管加入 4 mL 二苯胺试剂,混匀,60℃保温 1 h。冷却后于 595 nm 处测光密度,取平均值。以 DNA 浓度为横坐标,光密度值为纵坐标,绘制标准曲线。DNA 在 40～400 μg/mL 范围与光密度值成正比关系。

2. DNA 定量测定

步骤同上,只是待测样品的加样量为 0.05 mL 和 0.1 mL。

3. 计算

1) 查标准曲线,求得 DNA 浓度(μg/mL)。

2) 用标准液标准值对比:

$$\text{DNA}(\mu\text{g/mL})=\frac{\text{待测液 OD 值}-\text{对照液 OD 值}}{\text{标准液 OD 值}-\text{对照液 OD 值}}\times\text{标准液的 DNA 浓度}\times\text{稀释倍数}$$

附 3

地衣酚法测定 RNA 含量

一、原理

RNA 和浓盐酸共热被分解为嘧啶核苷酸、嘌呤碱基和核糖,核糖又脱水成糖醛,后者在三价铁离子催化下,与地衣酚形成鲜绿色,在 670 nm 有最大吸收值,可测其浓度,RNA 浓度在 20～250 μg/mL 与其光密度值成正比。

二、试剂

1. 地衣酚试剂(oricinol)

称 50 g 地衣酚溶于 50 mL 0.1%$FeCl_3$ -浓 HCl 中。

2. RNA 标准液(用定磷法测 RNA 纯度)

取酵母 RNA 配成 100 μg/mL 的溶液。

三、实验方法

1. 标准曲线的制定

取 10 支试管分成两组,分别加入 0.5 mL、1.0 mL、1.5 mL、2.0 mL、2.5 mL RNA 标准液,再加双蒸水至 2.5 mL。另取 2 支试管加入 2.5 mL 双蒸水为对照。每管均加入 2.5 mL地衣红酚试剂,混匀。沸水浴 20 min,冷却后于 670 nm 处测 OD 值,取两组平均值。以 RNA 浓度为横坐标,光密度值为纵坐标,绘制标准曲线。

2. 样品 RNA 的定量测定

方法同上,只是样品加入量为 1 mL 和 2.5 mL,两组同时测定。加双蒸水补足 2.5 mL后再加地衣酚试剂 2.5 mL。沸水浴 20 min,冷却后测 OD_{670}。

3. 计算

1) 查标准曲线求得 RNA(μg/mL)。可测范围为 20～250 μg/mL。

2）用标准液标准值对比：

$$\text{RNA}(\mu g/mL)=\frac{\text{待测液 OD 值}-\text{对照液 OD 值}}{\text{标准液 OD 值}-\text{对照液 OD 值}}\times\text{标准液的 RNA 浓度}\times\text{稀释倍数}$$

【实验报告】

1. 绘出大鼠肝细胞染色质的紫外吸收特征曲线（190～340 nm），计算出 OD_{320}/OD_{260} 值。

2. 根据染色质各组成成分的含量计算出大鼠肝染色质各组分的比值。

（郭善利　周国利）

实验 31　增强型绿色荧光蛋白(EGFP)基因在定点突变、亚克隆和表达检测方面的研究与应用

【实验目的】

1. 了解基因定点突变在蛋白质功能研究和改造中的应用。

2. 熟悉重叠延伸 PCR 定点突变的原理、操作及应用。

【实验原理】

GFP 是由 238 个氨基酸组成，分子质量约 28 kDa，8～10 nm 的一种天然纳米粒子。GFP 的立体结构是由 11 条 β-折叠绕成的一个圆筒形折叠，一个不规则的 α 螺旋片段包埋于圆筒的中心，作为一个支架可以提供给发色团，使其坐落在圆筒的中心（图 31-1）。发色团蛋白是由位于 65～67 位的 3 个氨基酸残基 Ser-dehydroTyr-Gly（丝-脱氢酪-甘）组成，经共价键连接而成对羟苯甲基咪唑烷酮，它可以被光激发产生荧光。EGFP 为 GFP 经定点突变改造而成，其中 GFP 65 位 Ser(TCT) 被 Thr(ACT) 取代荧光强度加强。目前 GFP 和 EGFP 已作为一种最常见的报告基因（report gene），在遗传学、生物化学、分子生物学研究中得到广泛应用。

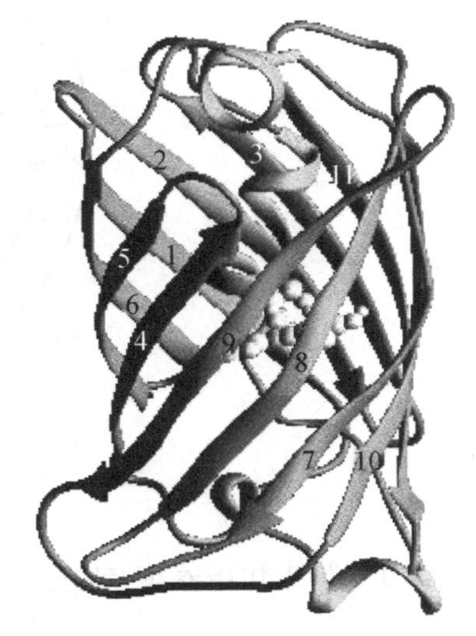

图 31-1　GFP 结构示意图

定点突变是指通过聚合酶链反应（PCR）或寡核苷酸介导定点诱变等方法向目的 DNA 片段（可以是基因组，也可以是质粒）中引入所需变化碱基，包括碱基的添加、删除、点突变等。定点突变常用来研究 DNA 序列特异性改变后对其编码蛋白质功能的影响，是基因研究工作中一种非常有用的手段。目前常用的定点突变方法有重叠延伸 PCR 定点突变、寡核苷酸引物介导的定点突变、盒式突变及快速 PCR 定点突变方法等，这些方法各有其优缺点和适用范围。本实验采用较为广

泛应用的重叠延伸PCR定点突变技术对pEGFP－N1质粒上*EGFP*基因65位的Thr的密码子进行单点突变使其成为Ser,然后再亚克隆于该载体并转染哺乳动物细胞观察其荧光强度的变化。

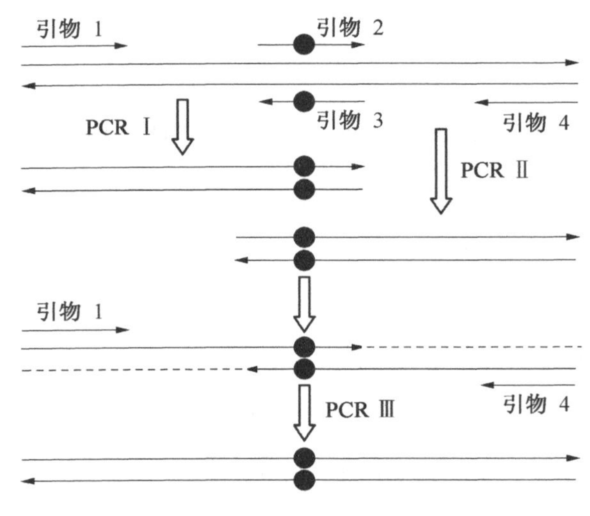

图31－2　重叠延伸定点突变法原理图(圆点为突变点)

重叠延伸PCR定点突变方法的原理(图31－2)：它需要4条PCR引物,分别是含有突变的碱基并且反向部分重叠的引物2和3,以及与目的基因两端互补的引物1和4。首先,引物1和3、2和4两两配对,分两管进行PCR,产生两个部分重叠的DNA片段。然后将上述两管PCR产物混合变性再复性,在DNA聚合酶的作用下延伸产生完整的双链DNA。最后再用引物1和4以新合成的完整双链DNA为模板进行PCR,即可得到含有预期突变位点的DNA片段。

【材料及用具】

1. 材料

pEGFP－N1质粒(图31－3)、凝胶回收试剂盒、Pfu DNA Polymerase、*Age* Ⅰ和*Not* Ⅰ内切核酸酶、DNA纯化试剂盒、哺乳动物细胞系、Lipofectamine 2000转染试剂。

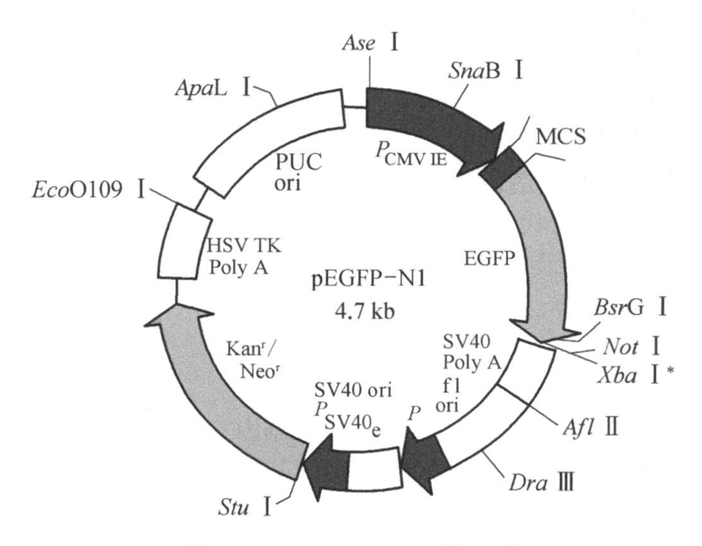

图31－3　pEGFP－N1质粒图谱

2. 用具

PCR仪、生化培养箱、超净工作台、细胞培养箱、倒置荧光显微镜、细胞培养板、移液器、离心管。

【实验步骤】

1. 引物设计

根据 GenBank 数据库 GFP 基因序列（登录号 X83959，序列见图 31－4）设计引物 1、2、3 和 4。其中引物 1 和 4 的 5′端分别加入酶切位点 *Age* Ⅰ和 *Not* Ⅰ。引物序列如下：

引物 1：5′－CCCACCGGTGGGATGAGTAAAGGAGAAGAACTT－3′

引物 2：5′－TTC**T**CTTATGGTGTTCAATGCTTC－3′

引物 3：5′－ACCATAAG**A**GAAAGTAGTGACAAG－3′

引物 4：5′－ATTTGCGGCCGCTTTATTATTTGTATAGTTCATC－3′

（注：粗体标记为突变碱基，下划线为酶切位点。）

1 atgagtaaag gagaagaact tttcactgga gtggtcccag ttcttgttga attagatggc
61 gatgttaatg ggcaaaaatt ctctgtcagt ggagagggtg aaggtgatgc aacatacgga
121 aaacttaccc ttaattttat ttgcactact gggaagctac ctgttccatg gccaacactt
181 gtcactactt tctcttatgg tgttcaatgc ttctcaagat acccagatca tatgaaacag
241 catgactttt tcaagagtgc catgcccgaa ggttatgtac aggaaagaac tatattttac
301 aaagatgacg ggaactacaa gacacgtgct gaagtcaagt ttgaaggtga tacccttgtt
361 aatagaatcg agttaaaagg tattgatttt aaagaagatg gaaacattct tggacacaaa
421 atggaataca actataactc acataatgta tacatcatgg gagacaaacc aaagaatggc
481 atcaaagtta acttcaaaat tagacacaac attaaagatg gaagcgttca attagcagac
541 cattatcaac aaaatactcc aattggcgat ggccctgtcc ttttaccaga caaccattac
601 ctgtccacac aatctgccct ttccaaagat cccaacgaaa agagagatca catgatcctt
661 cttgagtttg taacagctgc taggattaca catggcatgg atgaactata caaataa

图 31－4 GFP 基因序列

2. 分别用引物 1 和 3、2 和 4 配对进行 PCR。PCR 反应体系为 50 μL：

反　应　成　分	体积(或含量)
pEGFP－N1	10 ng
引物 1 或 2(10 μmol/L)	1 μL
引物 3 或 4(10 μmol/L)	1 μL
dNTP Mixture(2.5 mmol/L)	4 μL
Pfu DNA Polymerase(2.5 U/μL)	0.5～1 μL
10×Pfu Buffer	5 μL
ddH_2O	补至 50 μL

注：PCR 程序为，预变性 94℃ 3 min；循环扩增阶段，94℃ 30 s，55℃ 30 s，72℃ 2 min，循环 30 次；72℃ 5 min；4℃保温。

3. 分别回收第 2 步所得两条 PCR 产物取 30 μL 扩增产物于 1.2%～1.5%琼脂糖凝胶电泳，凝胶成像系统下观察结果，利用胶回收试剂盒回收目的片段。

4. 将第 3 步所得两份 PCR 产物 1 和 PCR 产物 2 各 1 μg 进行混合使其互为模板及引物，加入 dNTP 及 Pfu DNA Polymerase 进行 PCR，5～10 个循环即可，PCR 反应体系及程序同 2，只是不需要另行加入模板和引物。

5. 取第 4 步 PCR 产物作为模板，加入引物 1 及 4 进行 PCR 扩增出具有突变的全基因。PCR 反应体系为 50 μL：

反　应　成　分	体积(或含量)
PCR 产物	100 ng
引物 1(10 μmol/L)	1 μL
引物 4(10 μmol/L)	1 μL
Taq 酶预混合的 PCR 反应液	25 μL
ddH_2O	补至 50 μL

注：PCR 程序为，94℃预变性 3～5 min；循环扩增阶段，94℃ 40 s，58℃ 30 s，72℃ 60 s，循环 30～35 次；72℃ 5 min；4℃保温。

6. 取 10 μL 扩增产物于 1.2%～1.5%琼脂糖凝胶电泳，凝胶成像系统下观察结果。

7. 定点突变序列的亚克隆

(1) PCR 扩增出的具有突变位点 GFP 的全基因和 pEGPR－N1 的 *Age* Ⅰ和 *Not* Ⅰ双酶切按生产厂家的说明书操作，酶切产物经 DNA 纯化试剂盒纯化。

(2) 载体与目的片段的连接，连接反应体系为 20 μL：

反　应　成　分	体积(或含量)
酶切载体片段	50～100 ng
酶切基因片段	150～300 ng
10×Ligation Buffer	2 μL
T4 DNA ligase	1 μL
ddH_2O	补至 20 μL

加完样后，用移液器轻轻吹打混匀，离心数秒，使液体积聚于管底。20～25℃孵育连接 1～2 h 或 16℃孵育连接过夜。

8. 定点突变载体的转染哺乳动物细胞，并以 pEGFP－N1 质粒作为对照。转染过程按 Lipofectamine 2000 转染试剂操作。

9. 利用倒置荧光显微镜对细胞进行观察，比较两种转染载体荧光强度的差异。

【实验报告】

1. 撰写实验报告，并讨论其他定点突变在本实验中如何应用。

2. 讨论定点突变技术在蛋白质功能研究和改造中的应用。

(李金莲)

实验 32　RNA 干扰实验及其遗传分析

【实验目的】

1. 了解 RNA 干扰的原理。

2. 掌握常用 RNA 干扰的实验方法。

3. 了解 RNA 干扰在遗传学研究中的应用。

【实验原理】

近年来的研究表明，将与 mRNA 对应的正义 RNA 和反义 RNA 组成的双链 RNA (dsRNA)导入细胞，可以使 mRNA 发生特异性的降解，导致其相应的基因沉默。这种转

录后基因沉默机制(post-transcriptional gene silencing, PTGS)被称为 RNA 干扰(RNAi)。RNAi 包括起始阶段和效应阶段(initiation and effector steps)。在起始阶段,加入的小分子 RNA 被切割为 21～23 核苷酸长的小分子干扰 RNA 片段(small interfering RNA, siRNA)。证据表明:一个称为 Dicer 的酶,是 RNase Ⅲ家族中特异识别双链 RNA 的一员,它能以一种 ATP 依赖的方式逐步切割由外源导入或者由转基因、病毒感染等各种方式引入的双链 RNA,切割将 RNA 降解为 19～21 bp 的双链 RNA(siRNA),每个片段的 3′端都有 2 个碱基突出。在 RNAi 效应阶段,siRNA 双链结合一个核酶复合物从而形成所谓 RNA 诱导沉默复合物(RNA-induced silencing complex, RISC)。激活 RISC 需要一个 ATP 依赖的将小分子 RNA 解双链的过程。激活的 RISC 通过碱基配对定位到同源 mRNA 转录本上,并在距离 siRNA 3′端 12 个碱基的位置切割 mRNA。尽管切割的确切机制尚不明了,但每个 RISC 都包含一个 siRNA 和一个不同于 Dicer 的 RNA 酶。RNAi 具有特异性和高效性。这种技术已经成为研究基因功能的重要工具,并将在遗传性疾病、病毒病和肿瘤病的治疗方面发挥重要作用。其原理如图 32-1 所示。

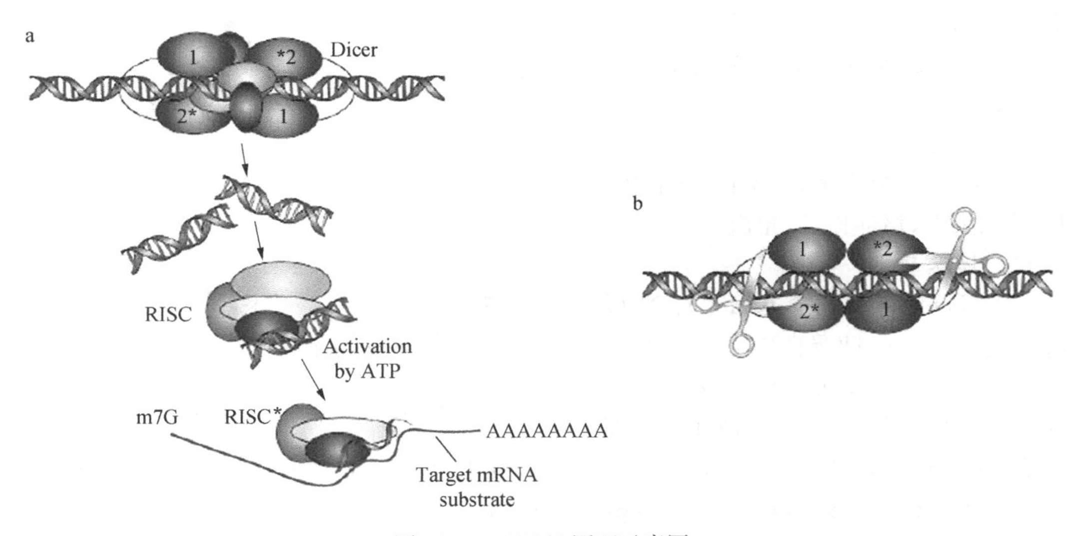

图 32-1 RNAi 原理示意图

(引自 Gregory J. Hannon, 2002)

RNAi 最早是于 1998 年 Andrew Fire 等在秀丽隐杆线虫(*C. elegans*)中发现的,通过将外源的 dsRNA 导入线虫体内,从而引起与其同源基因的 mRNA 的降解,造成相应基因功能的沉默。秀丽隐杆线虫属于线虫动物门、线虫纲动物,体长 1 mm,基因组大小为 10^9 bp,分布于 6 条染色体,是基因组最小的高等真核生物之一。由于秀丽隐杆线虫具有个体小、细胞定数、结构简单、生活周期短、发育迅速、易于得到突变体、虫体透明等特点,而被作为模式生物广泛用于生物学领域的研究。

目前对 *C. elegans* 进行 RNAi 主要采用显微注射、虫体浸泡、细菌介导等方法,其中以细菌介导法最为常用。细菌介导法就是利用表达 dsRNA 的工程菌(HT115)饲喂线虫达到基因沉默目的。而表达 dsRNA 的质粒常用 L4440 载体(图 32-2)构建,在 L4440 质粒载体中插入目的基因的 cDNA 片段,由于此载体在插入片段两端具有双向 T7 启动子,很容易合成正义和反义 RNA 形成 dsRNA。然后再将重组质粒转化到 *E. coli* HT115 中,在 IPTG 诱导情况下,就可以转录出 dsRNA,由于 HT115 含有 DE3 裂解原,它可促进 T7 启动子控制下的目的基因转录,而且它缺乏特异性降解 dsRNA 的内切酶 RNase Ⅲ,因此可以保证插入的目的基因稳定地转录成 dsRNA。使用转化后 *E. coli* HT115 喂养线虫,就可以对线虫产生 RNAi 效应。

par-1 是一种丝氨酸/苏氨酸激酶,最早在 *C. elegans* 中作为早期胚胎极性形成的重要基因被发现,它在细胞极性的建立和维持中起重要的作用。如果该基因被沉默,则胚胎发育的极性消失,第一次细胞分裂后产生两个大小相等的细胞。本实验通过提前制备用于 *par-1* 基因 RNAi 的 HT115 菌株,然后采用细菌介导法使 *C. elegans* par-1 基因沉默,观察对 *C. elegans* 早期胚胎分裂表型的影响。

【材料及用品】

1. 材料

秀丽隐杆线虫(*C. elegans*)、HT115 菌株、pMD-18T 克隆试剂盒、RNAi 质粒载体 L4440(pPD129.36,图 32-2)、JM109 感受态细胞、HT115 感受态细胞、胶回收试剂盒。

2. 用具

恒温摇床、显微镜、解剖镜、离心机、灭菌锅、天平、培养皿、三角瓶。

3. 培养基

(1) NGM 固体培养基(1 L):NaCl 3 g,琼脂粉 17 g,胰蛋白胨 2.5 g,加入 970 mL 蒸馏水,0.105 MPa 灭菌 15 min。冷却至 55℃后,分别加入已高温灭菌的 1 mol/L $CaCl_2$ 及 1 mol/L $MgSO_4$ 各 1 mL,和 25 mL 1 mol/L pH6.0 磷酸钾缓冲液,以及 1 mL 5 mg/mL 溶解于乙醇中的胆固醇。

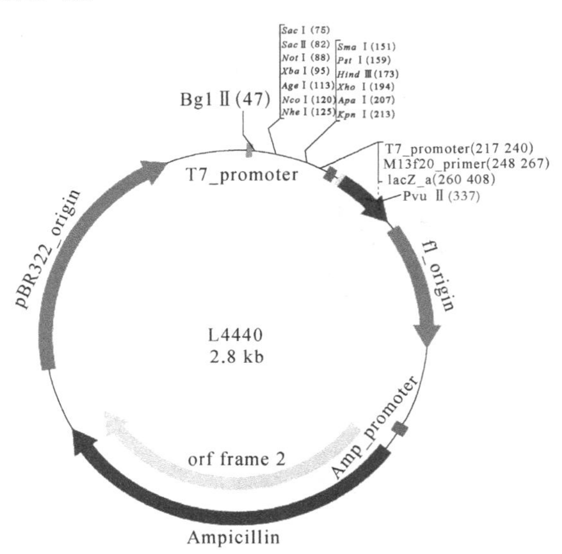

图 32-2 L4440 质粒图谱

(2) LB 液体培养基(1 L):胰蛋白胨 10 g、NaCl 10 g、酵母粉 5 g、蒸馏水配制,用 5 mol/L NaOH 溶液调至 pH 7.0,0.105 MPa 灭菌 15 min。

(3) M9(1 L):KH_2PO_4 3 g、Na_2HPO_4 6 g、NaCl 5 g、1 mL 1 mol/L $MgSO_4$,0.105 MPa灭菌 15 min。

【实验步骤】

1. 表达 *par-1* 基因 dsRNA 质粒 HT115 菌株的提前准备

(1) *par-1* 基因引物设计:根据 GenBank 公布的 *par-1* 基因的登录号(如 U22183),调出 par-*1* 基因的 cDNA 序列,设计出针对 *par-1* 基因特异性强,与其他基因不具有同源性的引物,pMD-18T 载体作为克隆载体时,上下游引物应加入酶切位点,如 *Sac* Ⅰ(GAGCTC)和 *Kpn* Ⅰ(GGTACC)酶切位点。

(2) *C. elegans* 总 RNA 提取、反转录和目的基因的扩增:采用 RNAiso Reagent 等试剂提取 *C. elegans* 总 RNA,并利用反转录试剂盒进行反转录,并扩增 *par-1* 基因 cDNA

片段。

(3) 克隆载体的构建、转化与筛选：将获得的 *par-1* 基因 cDNA 片段与 pMD-18T 载体进行连接，并转化到 JM109 感受态细胞，通过蓝白菌落筛选和 PCR 检测鉴定出阳性克隆。

(4) L4440 RNAi 载体的构建、转化与筛选：常规方法提取克隆质粒并进行双酶切，如 *Sac* Ⅰ和 *Kpn* Ⅰ双酶切；同时取 L4440 载体质粒进行相同双酶切；凝胶电泳回收目的片段和载体片段。通过 T4 连接酶将二者连接，转化入 HT115 感受态细胞，氨苄西林(Amp)平板筛选阳性克隆。碱裂解法提取质粒，酶切及 PCR 验证并测序。

2. 秀丽隐杆线虫 *par-1* RNAi 及遗传分析

1) 将含有 L4440 RNAi 质粒的 HT115 菌株单菌落接种于 5 mL LB 液体培养基[含 100 μg/mL Amp、50 μg/mL 四环素(Tet)]中，37℃振荡培养至 $OD_{600}=0.4$，加入 IPTG 至终浓度 0.4 mmol，37℃诱导 4 h 或 28℃诱导过夜。

2) 将诱导后菌液转至无菌离心管中，2200 r/min 离心 5 min 收集菌体，然后用 4 倍体积的 M9 重新悬浮。

3) 在 60 mm 的 NGM(含有 100 μg/mL Amp、50 μg/mL Tet 和 1 mmol IPTG)平板上加入 30 μL 菌液，摇动平板使菌液迅速干燥。同时用喂食含有 L4440 空载体的 HT115 细菌线虫作为对照。

4) 将 *C. elegans* 野生型雌雄同体虫数条用次氯酸盐溶液处理得到虫卵，接种 10～20 个虫卵于含有菌液的平板上，25℃培养约 48 h。

5) 与对照组相比较，观察进行 *par-1* RNAi 后 *C. elegans* 野生型虫体早期胚胎的分裂情况。

【实验报告】

1. 撰写实验报告并对实验结果进行分析讨论。
2. 讨论 RNAi 技术在动物遗传分析中的应用前景。

（李金莲　赵吉强）

实验 33　白眼小翅黑檀体果蝇的选育

【实验目的】

通过不同突变性状果蝇个体的杂交，选育果蝇新品系。

【实验原理】

以白眼小翅果蝇为母本，黑檀体果蝇为父本，通过杂交的方法，选育出集白眼、小翅、黑檀体三隐性性状于一身的果蝇新品系。其中黑檀体基因位于第Ⅲ号常染色体上，白眼和小翅基因位于 X 染色体上。

用白眼小翅黑檀体品系与野生型果蝇进行杂交，所获得的实验数据可同时满足伴性遗传、单因子分离、双因子自由组合、连锁互换等遗传分析。

【材料与用具】

1. 实验材料

白眼小翅果蝇、黑檀体果蝇。

2. 用具及药品

同实验 2。

【实验步骤】

1. 确定杂交组合：白眼小翅灰体($X^{wm}X^{wm}++$)♀×红眼长翅黑檀体($X^{++}Yee$)♂。

2. 培养基的配制、培养瓶的准备及亲本果蝇的饲养。

3. 收集杂交处女蝇。

4. 果蝇杂交，每个杂交瓶 5～8 对，设 3 个重复。

5. 从 F_2代选择白眼小翅黑檀体雌雄果蝇。

6. 白眼小翅黑檀体果蝇的检验：通过继代培养检查选到的黑檀体白眼小翅的个体。连续收集白眼小翅黑檀体处女蝇，不同批次收集的雌蝇与白眼小翅黑檀体雄蝇放入新鲜培养瓶中培养，分别观察不同批次的培养瓶中果蝇性状，保留后代个体中完全是白眼小翅黑檀体表现型的培养瓶，继代培养，提纯复壮。

【实验报告】

1. 按科技论文格式撰写实验报告。设计 F_1、F_2代观察结果记录表并记录实验结果。

2. 分析讨论：杂交的 F_1、F_2代的基因型及预期表现型，影响白眼小翅黑檀体果蝇选育进程的因素。

3. 设计用选育的白眼小翅黑檀体果蝇验证三大遗传规律及进行基因定位的实验方案。

【思考题】

1. 如果选出的白眼小翅黑檀体果蝇的后代出现长翅性状，分析可能的原因。

2. 观察选育出的白眼小翅黑檀体果蝇与其亲本白眼小翅果蝇及黑檀体果蝇在生长、生理状况上有无不同。

（刘　文）

实验 34　人类小卫星 DNA 的遗传多态性分析

【实验目的】

1. 了解小卫星 DNA 多态性的原理和应用，特别是对人的个体身份鉴定的应用。

2. 掌握小卫星 DNA 遗传多态性的分析方法。

【实验原理】

对人类基因组的研究已揭示了越来越多的 DNA 片段表现出高度的多态性。小卫星 DNA(minisatellite DNA)由一短序列(即重复单位或核心序列)多次重复而成，重复次数在群体中是高度变异的，因此也有人称其为可变数目串联重复(variable number tandem repeat，VNTR)。重复单位的碱基序列在不同个体中具有高度保守性，而小卫星 DNA 的多态性则来源于重复单位的重复次数不同，并形成了众多的等位基因。

目前已发现许多具有多态性的小卫星 DNA，如人类 1 号染色体上的 *D1S80*、2 号染色体上的 *ApoB3′*、17 号染色体上的 *D17S30* 等。根据报道，人类的小卫星 *D1S80* 的核心序列由 16 个核苷酸组成，拷贝数大多数人群为 14～41 个，至少存在 29 个等位基因，可组成 435 种基因型。其可以通过限制酶切、电泳、探针分子杂交的方法进行分析，表现为限

制性片段长度多态性(RFLP)。但此法所需的样本量较大(300 μg 以上),检材 DNA 分子必须完整未降解,实验周期长,操作复杂,灵敏度不太高,且标记探针常用的同位素有害健康,需特别防护。

PCR 技术的建立为解决这一问题提供了新的途径。选择与小卫星 DNA 座位(locus)两端互补的序列作为引物,在耐热 DNA 聚合酶的作用下对 DNA 靶序列进行扩增,扩增产物采用琼脂糖凝胶电泳,溴化乙锭(EB)染色显示 DNA 扩增片段,可检测出小卫星 DNA 的扩增片段长度多态性,此法简单、快速、灵敏。因为小卫星 DNA 有个体差异,可用于个人身份识别,又因其遗传规律遵循 Mendel 定律,故又可用于亲子鉴定。小卫星 DNA 作为“基因指纹”在公检法工作中的侦破案件、指证真凶、判定遗产继承(亲权鉴定)等许多方面得到广泛应用。此外,它还被用于医学诊断及寻找与疾病连锁的遗传标记,探明动物种群的起源及进化过程,在动植物的基因定位及育种上也有非常广泛的应用。

【材料与用品】

1. 材料

视具体实验条件可选择被测个体的口腔上皮细胞、血样、血痕、毛发(带有毛囊)等材料。

2. 用具及药品

(1) 主要仪器及耗材

微量移液器、高速冷冻离心机、恒温水浴锅、水浴摇床、PCR 仪、电泳仪、电泳槽、透射式紫外分析仪(或凝胶成像系统)。枪头、离心管、棉签等使用前均需 121℃高温灭菌。

(2) 试剂

琼脂糖、溴化乙锭(EB)、EDTA-Na_2、SDS、Tris、蛋白酶 K、冰醋酸、溴酚蓝、二甲苯腈蓝、蔗糖、甘油、DNA Marker(或 *D1S80* Allelic Ladder)、Chelex-100 树脂、PCR pre-mix。注意:PCRpre-mix 可由以下试剂替代:dNTP、Taq DNA 聚合酶、10×PCR 缓冲液(如不含 Mg^{2+} 需要单加)。

(3) 溶液配制

溶液名称	配制方法
5% Chelex 树脂	取 Chelex-100 0.5 g 放入 100 mL 三角烧瓶,加入 50 mmol/L Tris-HCl 10 mL,用 4 mol/L NaOH 调 pH 至 11,室温可保存 3 个月,使用前充分混匀。
2.0%琼脂糖凝胶	取 2.0 g 琼脂糖放入 250 mL 三角烧瓶,加入 1×TAE 溶液 100 mL,微波炉加热溶解,冷却至 60℃左右加入 1 μg/mL 溴化乙锭,缓慢混匀后倒胶板。
溴化乙锭溶液	用无菌水配制 5 mg/mL 储藏液,工作浓度 1 μg/mL。注意:溴化乙锭为诱变剂,有致癌作用。配制、稀释和染色时必须戴手套。
0.5 mol/L EDTA	取 EDTA-Na_2 18.61 g、NaOH 2 g,用蒸馏水定容至 100 mL,室温保存。
10×TAE 电泳缓冲液	取 Tris 48.4 g,量取冰醋酸 11.42 mL、0.5 mol/L EDTA(pH 8.0) 20 mL,用蒸馏水定容至 1000 mL,室温保存。
10×上样缓冲液	称溴酚蓝 0.25 g、二甲苯腈蓝 0.25 g、蔗糖 50.0 g(或甘油 50 mL),用 60 mL 无菌水(用甘油 50 mL 时,49 mL)溶解上述试剂,再定容至 100 mL,室温保存即可。
10%SDS	称 SDS 10 g,用无菌水溶解后(可加热),定容至 100 mL,室温保存。
蛋白酶 K 溶液	取 20 mg/mL 蛋白酶 K 水溶液、5 mL 10%SDS 1 mL、无菌水 94 mL,混匀后冰箱冷藏。
1 mol/L Tris-HCl	取 12.1 g Tris 溶解在 80 mL 蒸馏水中,加盐酸调节 pH 至 8.0,加蒸馏水定容至 100 mL。
TE 缓冲液	取 1 mol/L Tris-HCl(pH 8.0)5 mL,0.5 mol/L EDTA(pH 8.0)1 mL,用蒸馏水定容至 500 mL,高温高压灭菌后室温保存。

(4) 引物

用于 PCR 扩增小卫星 DNA *D1S80*(GenBank Accession No. AB121700)的引物序列如下：

上游引物：5′ gAAACTggCCTCCAAACACTgCCCgC g 3′

下游引物：5′ gTCTTgTTggAgATgCACgTgCCCCTTgC 3′

引物由相关生物公司合成，按合成说明书配制成 10 pmol/μL 即可。

【实验步骤】

1. 收集 DNA 样本(以口腔上皮细胞为例)

1) 先漱口，然后用灭菌的棉签充分擦刮口腔内壁，将该棉签放入 1.5 mL 装有 1 mL 无菌水的小离心管中，使黏附在棉签表面上的口腔细胞悬浮其中(以能看到悬浮物为好)，振荡 10 s，12000 r/min 离心 1 min。

2) 取出棉签丢弃，注意不要搅动沉淀，如果不慎搅动，可以再次离心。

3) 从离心管中吸出 970 μL 无菌水，注意不要吸到沉淀。

4) 向离心管中加入 200 μL 5% Chelex - 100，振荡 10 s 混匀。

5) 加入 2 μL 蛋白酶 K，混匀，56℃保温 5 min。

6) 剧烈振荡 10 s，沸水浴 8 min。

7) 12000 r/min 离心 3 min，离心管中溶液分成上下两层：下层为 Chelex - 100 和细胞碎片的沉淀，上层溶液含 DNA 分子，可以直接用作 PCR 模板。

此 DNA 样本可在 4℃或－20℃保存，可在使用前再次加热并离心，使管内物质分层。

2. PCR 扩增 *D1S80* 等位基因

1) 每个人用记号笔在 0.2 mL PCR 管上做好标记。

2) 准备冰盒，开始反应前尽量使 PCR 管保持在冰上。

3) 依次加入下列成分，配制 25 μL 体系的 PCR 反应溶液：

反应成分	体积
PCR pre-mix	12.5 μL
上游引物	0.5～1 μL
下游引物	0.5～1 μL
DNA 样本	5～10 μL
加无菌水	至总体积为 25 μL

4) 轻弹管壁，混匀溶液。

5) 离心 10 s，使管壁上的液滴落下。

6) 按下列程序开始 PCR 反应：

95℃，5 min→[94℃，1 min；68℃，1 min；72℃，1 min] 32 个循环→72℃，5～10 min→4℃保存

3. PCR 扩增产物鉴定与 *D1S80* 等位基因分析

1) 用 1×TAE 电泳缓冲液配制 2.0%琼脂糖电泳凝胶。

2) 取 10 μL *D1S80* PCR 产物放入 0.2 mL PCR 管中，再加入 2 μL 上样缓冲液，充分

混匀。

3）在白瓷盘中配制适量的 EB 溶液，用于凝胶染色。

4）将凝固好的胶放入电泳槽中，60～90 V 预电泳 1～2 min。

5）在凝胶上选一孔加入 6 μL 的 DNA Marker。

6）每人将刚刚准备好的步骤(2)中的溶液分别加入凝胶孔中，注意不要有气泡进入。

7）60～90 V 电泳 30 min 左右，注意随时观察溴酚蓝条带在凝胶中的位置，距凝胶前沿约 2 cm 时，停止电泳。

8）取出凝胶放入装有 EB 溶液的白瓷盘中染色 30 min 左右，用清水漂洗 5～10 min。

9）凝胶用紫外分析仪或凝胶成像系统观察，记录每个个体的 DNA 条带数目及其位置。

4. 观察和分析 *D1S80* 多态性。

【实验报告】

1. 将小组的电泳结果拍照，并把照片贴在实验报告上。对照片进行必要的说明，如各等位基因的大小(bp)，每个个体是纯合体还是杂合体等。

2. 根据电泳结果，填写 *D1S80* 等位基因分析结果：

D1S80 座位的多态性特征*

个体编号	基因型(以重复数表示)	等位基因大小(bp)	重复数
例子	14～16	369 bp、401 bp	14、16
1			
2			
⋮			

*注：重复数为 1 的 *D1S80* PCR 产物长度为 161 bp，所以重复数每增加 1 个，序列长度增加 16 bp。
根据公式推算：重复数＝1＋(PCR 产物长度－161)/16

3. 在被测群体中调查有无 *D1S80* 电泳图谱完全相同或部分相同的个体。在理论上，两个没有亲缘关系的个体其 *D1S80* 座位上基因型完全相同的概率是多少？

（郭善利　周国利）

参 考 文 献

北京大学生物系遗传学教研室.1983.遗传学实验方法和技术.北京：高等教育出版社.

陈瑶生，盛志廉.1999.数量遗传学.北京：科学出版社.

杜文平，徐利远，余桂容等.2007.玉米幼胚离体培养体系的建立.玉米科学，15(2)：73～75，78.

傅焕延，王彦亭，王洪刚等.1987.遗传学实验.北京：北京师范大学出版社.

郭彦，杨洪双，于威.2009.果蝇小翅残翅基因作用探究.安徽农业科学，37(5)：2012～2013.

河北师范大学等.1982.遗传学实验.北京：高等教育出版社.

华卫建，吕君.2002.新编人类群体遗传学实验一组.遗传，24(3)：432～344.

兰泽蘧，梁学礼.1990.遗传学实验原理和方法.成都：四川大学出版社.

兰州大学.2000.细胞生物学实验.北京：高等教育出版社.

兰州大学生物系细胞遗传教研室，细胞学研究室.1986.细胞生物学实验.北京：高等教育出版社.

李艳，邵阳光，孙晖.2001.异色瓢虫——简单而方便的遗传学实验材料.生物学通报，36(3)：39～40.

李荫蓁.1988.细胞生物学实验.北京：北京大学出版社.

李咏梅，厉曙光，吴仙娟等.2003.果蝇生物模型在室内空气污染监测中的应用.同济大学学报(医学版)，24(3)：188～190.

厉曙光，张欣文，徐思红等.2001.果蝇生存试验中有关果蝇蝇龄的研究.卫生毒理学杂志，15(4)：236～238.

梁彦生等.1989.遗传学实验.北京：北京师范大学出版社.

刘祖洞，江绍慧.1987.遗传学实验.2版.北京：高等教育出版社.

吕颖颖，李博，江大龙等.2014.影响玉米幼胚组织培养褐化因素的研究.种子，33(1)：65～67.

乔守怡.2008.遗传学分析实验教程.北京：高等教育出版社.

邱奉同，刘林德.1992.遗传学实验.青岛：青岛海洋大学出版社.

盛祖嘉，陈中孚.1982.微生物遗传学实验.北京：高等教育出版社.

宋邦钧，琮宜等.1993.作物遗传与育种学实验实习指导.北京：农业出版社.

宋钦虎，郭新梅，裴玉贺等.2012.抑制玉米幼胚愈伤组织褐化的研究.农学学报，2(5)：24～27.

王关林，方宏筠.2009.植物基因工程.北京：科学出版社.

王金发，戚康标，何炎明.2008.遗传学实验教程.北京：高等教育出版社.

王小艺，沈佐锐.2002.异色瓢虫的应用研究概况.昆虫知识，39(4)：255～261.

吴仲贤.1997.统计遗传学.北京：科学出版社.

杨大翔.2005.遗传学实验.北京：科学出版社.

杨红，熊继文，张帆.2003.异色瓢虫人工饲料研究进展.山地农业生物学报，22(2)：169～172.

姚敦义等.1990.遗传学.青岛：青岛出版社.

张根发.2010.遗传学实验.北京：北京师范大学出版社.

张丽，王艳华，刘林德.2004.利用果蝇验证有效积温法则，探讨生物与温度的关系.生物学通报，39(4)：53～54.

张文霞，戴灼华.2007.遗传学实验指导.北京：高等教育出版社.

张振宇.细胞生物学实验.山东师范大学生物系(内部资料).

浙江农业大学.1984.遗传学.北京：农业出版社.

朱晓燕.2004.博士学位论文.上海：第二军医大学.

朱玉贤.2013.现代分子生物学.4版.北京：高等教育出版社.

Falconer DS，Mackay TFC.2000.储明星译，师守堃校，数量遗传学导论.北京：中国农业科技出版社.

附录

附录1　实验室一般溶液的配制

1. 各种百分比浓度的酒精和酸的配制

所需浓度　　　　　　　　　　　　　$\% = V_1 + V_2$

V_1(原液需要量)＝ 稀释后浓度×100

V_2(加水量)＝(原液浓度－稀释后浓度)×100

例：用95%乙醇配制70%乙醇。

取95%乙醇70 ml(即 V_1＝70%×100)，加蒸馏水至95 ml，即得70%乙醇。各种百分比浓度的酸的配制方法同上，配制时应注意将浓酸漫漫加入水中。

2. 用固体配制百分比浓度溶液

(1) 体积百分比浓度

100 ml溶液中含有固体质量的克数为固体的体积百分比浓度。

例：配制1%秋水仙素。

称取1 g秋水仙素，加蒸馏水至100 ml即可。

(2) 质量百分比浓度溶液

100 g溶液中含有溶质的克数叫做质量百分比浓度。

即：质量百分比浓度＝ 溶质质量(g)/ 溶质质量(g) ＋ 溶剂质量(g)×100%

溶质质量＝ 溶液质量百分比浓度 × 溶液质量

溶剂质量＝ 溶液质量－溶质质量

3. 摩尔浓度溶液的配制

1 L溶液中含有溶质的摩尔数(克分子数)称为摩尔浓度，即：

摩尔浓度mol/L＝ 溶质的量(摩尔数) / 溶液的体积(L)

(1) 用固体配制

所需固体的质量(g)＝mol/L Vm

式中，mol/L为溶液的摩尔浓度，V为溶液的体积，m为固体的摩尔质量(固体的分子质量)。

例：配制0.02 mol/L 8-羟基喹啉溶液100 ml。

取8-羟基喹啉质量0.02×(100÷1 000)×145.16 ＝ 0.290 3(g)用水溶解后，加水定容，至100 ml。

(2) 用液体配制

所需液体的质量(g)＝ mol/L Vm/P

所需液体的体积 ＝ mol/L Vm/Pd

式中，mol/L为所要配制的溶液的摩尔浓度，V为所要配制的溶液的体积(L)，m为液体试剂中溶质的摩尔浓度(相对分子质量)，P为液体试剂的质量百分比浓度，d为液体试剂的比重(g/ml)。

例：用95%浓硫酸(d＝1.83 g/ml)配制2 mol/L硫酸250 ml(硫酸摩尔质量为98)。

称取浓硫酸的质量= 2×(250÷1 000)×98/95%=51.58(g)

量取浓硫酸的量= 2×(250÷1 000)×98/95%×1.83 =28.2 (ml)

将浓硫酸在不断搅拌下缓慢倒入适量水中,冷却后再用水稀释至 250 ml 即得 2 mol/L 硫酸溶液。

4. 实验常用试剂的配制

(1) 1 mol/L HCl 和 3.5 mol/L HCl

取比重为 1.19 g/ml 的浓盐酸 82.5 ml,加蒸馏水定容,至 1 000 ml。

取比重为 1.19 g/ml 的浓盐酸 288.8 ml,加蒸馏水定容,至 1 000 ml。

(2) 0.4% KCl 和 0.075 mol/L KCl

称取 4 g KCl, 溶于蒸馏水中,定容,至 1 000 ml。

称取 11.18 g KCl,定容于 1 000 ml 重蒸水中,得到 1.5 mol/L KCl 原液。用前稀释 20 倍,即,量取原液,加重蒸水至 100 ml,即得 0.075 mol/L KCl。

(3) 5% $NaHCO_3$

称取 5 g $NaHCO_3$,加重蒸水至 100 ml。

(4) 0.85%生理盐水

称取 0.85 g NaCl,加重蒸水至 100 ml。

(5) 45%醋酸

量取 45 ml 冰醋酸,加蒸馏水定容,至 100 ml。

(6) 秋水仙素溶液

称取 1 g 秋水仙素粉末,溶于少量无水乙醇中,加蒸馏水定容至 100 ml,配成 1%秋水仙素母液。各种浓度的秋水仙素液分别用母液加蒸馏水稀释即可。

(7) 漂洗液

量取 200 ml 蒸馏水于试剂瓶中,加入 100 ml 1 mol/L HCl 和 1 g 偏重亚硫酸钠(钾)。此液应临时配用,溶液失去 SO_2 味即不能使用。

(8) 1/15 mol/L 磷酸缓冲液

A: 1/15 mol/L KH_2PO_4 称取 KH_2PO_4 9.078 g,加重蒸水,定容,至 1 000 ml。

B: 1/15 mol/L Na_2HPO_4 称取 $Na_2HPO_4 \cdot 2H_2O$ 11.876 g 或 $Na_2HPO_4 \cdot 12H_2O$ 23.86 g,加重蒸水定容,至 1 000 ml。

pH 7.4 的 1/15 mol/L 磷酸缓冲液: 取 A 液 18.2 ml;B 液 81.8 ml,混合后即可。

各种 pH 的 1/15 mol/L 磷酸缓冲液的配制如下表。

pH 值	1/15 mol/L KH_2PO_4/ml	1/15 mol/L Na_2HPO_4/ml	pH 值	1/15 mol/L KH_2PO_4/ml	1/15 mol/L Na_2HPO_4/ml
4.94	9.90	0.10	6.89	4.00	6.00
5.29	9.75	0.25	7.17	3.00	7.00
5.59	9.50	0.50	7.38	2.00	8.00
5.91	9.00	1.00	7.73	1.00	9.00
6.24	8.00	2.00	8.04	0.50	9.50
6.47	7.00	3.00	8.34	0.25	9.75
6.64	6.00	4.00	8.67	0.10	9.90
6.81	5.00	5.00	9.18	0.00	10.00

(9) 0.2 mol/L 磷酸缓冲液

A：0.2 mol/L　Na_2HPO_4 称取 $Na_2HPO_4 \cdot 2H_2O$ 36.61 g，或 $Na_2HPO_4 \cdot 12H_2O$ 71.64 g，加重蒸水定容至 1 000 ml。

B：0.2 mol/L　NaH_2PO_4 称取 $NaH_2PO_4 \cdot H_2O$ 27.6 g，或 $NaH_2PO_4 \cdot 2H_2O$ 31.21 g，加重蒸水定容至 1 000 ml。

0.2 mol/L 磷酸缓冲液(各种 pH)配方如下表。

pH 值	0.2 mol/L Na_2HPO_4/ml	0.2 mol/L NaH_2PO_4/ml	pH 值	0.2 mol/L Na_2HPO_4/ml	0.2 mol/L NaH_2PO_4/ml
5.8	8.0	92.0	7.0	61.0	39.0
6.0	12.3	87.7	7.2	72.0	28.2
6.2	18.5	81.5	7.4	81.0	19.0
6.4	26.5	73.5	7.6	87.0	13.0
6.6	37.5	62.5	7.8	91.5	8.5
6.8	49.0	51.0	8.0	94.5	5.5

(10) 2×SSC 溶液

0.3 mol/L NaCl 和 0.03 mol/L 柠檬酸钠：称取 17.54 g NaCl 和 8.82 g 柠檬酸钠，用重蒸水溶解后定容，至 1 000 ml。

(11) BrdU 溶液

称取 BrdU 2 mg，在无菌条件下，装入无菌青霉素药瓶中，加入无菌生理盐水，用黑纸包好避光于 4℃冰箱中保存。现用现配。

500 μmol/L BrdU 溶液：取 BrdU 15.4 mg，加重蒸水 100 ml，装入棕色瓶中，包黑纸避光，4℃冰箱中保存。

附录 2　组织和细胞培养常用的培养基

1. 常用激素性质及其配制方法

名　称	化学式	相对分子质量	溶解特性	配制方法
吲哚乙酸 IAA	$C_{10}H_9NO_2$	175.19	易溶于热水、乙醇、乙醚、丙酮	先溶于少量 95%乙醇
吲哚丁酸 IBA	$C_{12}H_{13}NO_2$	203.24	溶于醇、丙酮、醚	同 IAA
萘乙酸 NAA	$C_{12}H_{10}NO_2$	186.20	易溶于热水，溶于丙酮、醚、苯	用热水溶解
2,4-二氯苯氧乙酸 2,4-D	$C_8H_6CLO_3$	221.04	溶于醇、丙酮、乙醚，难溶于水	先溶于少量 95%乙醇
6-苄氨基嘌呤 BA	$C_{12}H_{11}N_5$	225.25	溶于稀酸、稀碱，不溶于乙醇	先溶于少量 1 mol/L HCl
6-糠基氨基嘌呤 KT	$C_{10}H_9N_5O$	215.21	易溶于稀酸、稀碱	同 BA
玉米素 (Zeatin)ZT	$C_{10}H_{13}N_5O$	219.0	同 KT	同 BA
脱落酸 ABA	$C_{15}H_{20}O_4$	264.31	易溶于碱性溶液、氯仿、乙醇	先溶于少量 1 mol/L NaOH

2. MS_0 培养母液成分表

母液	成分	称量/g	浓缩倍数	配制体积
Ⅰ	NH_4NO_3	16.500	20×	500 ml
	KNO_3	19.000		
	$MgSO_4 \cdot 7H_2O$	3.700		
	KH_2PO_4	1.700		
Ⅱ	KI	0.083	100×	500 ml
	H_3BO_3	0.620		
	$MnSO_4 \cdot 1H_2O$	1.690		
	$ZnSO_4 \cdot 7H_2O$	0.860		
	$CuSO_4 \cdot 5H_2O$	0.25 mg/ml 母液 5 ml		
	$CoCl_2 \cdot 6H_2O$	0.25 mg/ml 母液 5 ml		
	$Na_2MoO_4 \cdot 2H_2O$	0.0125		
Ⅲ	$FeSO_4 \cdot 7H_2O$	1.390	100×	500 ml
	$Na_2EDTA \cdot 2H_2O$	1.865		
Ⅳ	肌醇 Inositol	1.00	20×	500
	烟酸 Nicotinic acid	5 mg/ml 母液 1 ml		
	维生素 B_6 Pyrodoxine HCl	5 mg/ml 母液 1 ml		
	维生素 B_1 Thiamine HCl	4 mg/ml 母液 1 ml		
	甘氨酸(氨基乙酸)Glycine	20 mg/ml 母液 1 ml		
Ⅴ	$CaCl_2 \cdot 2H_2O$	22.000	100×	500
	或 $CaCl_2$	16.6	100×	500

3. MS_0 培养母液成分表

	500 ml	1 000 ml	1 500 ml	2 000 ml
母液Ⅰ	25 ml	50 ml	75 ml	100 ml
母液Ⅱ	5 ml	10 ml	15 ml	20 ml
母液Ⅲ	5 ml	10 ml	15 ml	20 ml
母液Ⅳ	25 ml	50 ml	75 ml	100 ml
母液Ⅴ	5 ml	10 ml	15 ml	20 ml
蔗糖 Sucrose	15.0 g	30.0 g	45.0 g	60.0 g
琼脂 Agar	3.5 g	7.0 g	10.5 g	14.0 g
pH			5.7	

4. B5 培养基的成分(pH 5.5)

(1) 大量元素(mg/L)

$(NH_4)_2SO_4$	$CaCl_2 \cdot 2H_2O$	$FeSO_4 \cdot 7H_2O$	$Na_2 \cdot EDTA$	KNO_3	$MgSO_4 \cdot 7H_2O$	$NaH_2PO_4 \cdot 2H_2O$
134	150	27.8	37.3	2 500	370.0	150

(2) 微量元素(mg/L)

$CuSO_4 \cdot 5H_2O$	$MnSO_4 \cdot 4H_2O$	$ZnSO_4 \cdot 7H_2O$	H_3BO_3	$CoCl_2 \cdot 6H_2O$	$Na_2MoO_4 \cdot 2H_2O$	KI
0.025	10	2	3	0.025	0.25	0.75

(3) 维生素(mg/L)

烟　酸	VB_6	肌　醇	VB_1
1.0	1.0	100	10.0

(4) 有机成分(g/L)

蔗　糖	20.0	琼　脂	6.0

5. H 培养基(Bourgin 和 Nitsch　1967)

化　合　物	mg/L	化　合　物	mg/L
KNO_3	950	肌醇	100
NH_4NO_3	720	烟酸	5
$MgSO_4 \cdot 7H_2O$	185	甘氨酸	2
KH_2PO_4	68	盐酸硫胺素	0.5
$CaCl_2 \cdot 2H_2O$	166	盐酸吡多素	0.5
$MnSO_4 \cdot 4H_2O$	25	叶酸	0.5
$ZnSO_4 \cdot 7H_2O$	10	生物素	0.05
H_3BO_3	10	蔗糖	20 000
$NaMoO_4 \cdot 2H_2O$	0.25	琼脂	8 000
$CuSO_4 \cdot 5H_2O$	0.025	pH	5.5

铁盐　7.45 g Na_2EDTA(乙二胺四乙酸二钠)和 5.57 g $FeSO_4 \cdot 7H_2O$ 溶解于 1 L 水,每 L 培养基取此液 5 ml。

6. LB 培养基成分表

	500 ml	1 000 ml	1 500 ml	2 000 ml
NaCl	5 g	10 g	15 g	20 g
酵母提取物 Yeast Extract	2.5 g	5 g	7.5 g	10 g
酪蛋白水解物 Tryptone	5 g	10 g	15 g	20 g
琼脂粉 Agar	7.5 g	15 g	22.5 g	30 g
pH	5 mol/L NaOH 调至 7.0～7.2			

7. YEB 培养基成分表*

	500 ml	1 000 ml	1 500 ml	2 000 ml
酵母提取物 Yeast Extract	2.5 g	5 g	7.5 g	10 g
酪蛋白水解物 Tryptone	0.5 g	1 g	1.5 g	2 g
牛肉浸膏	2.5 g	5 g	7.5 g	10 g
蔗糖 Sucrose	2.5 g	5 g	7.5 g	10 g
$MgSO_4 \cdot 7H_2O$	0.247 g	0.493 g	0.740 g	0.986 g
琼脂粉 Agar	7.5 g	15 g	22.5 g	30 g
pH	5 mol/L NaOH 调至 7.4			

* YEB 培养基不作为常备品,需要时提前 1 d 配制。

附录3　常用染色液的配制

1. 醋酸大丽紫

取30 ml冰醋酸,加入70 ml蒸馏水,加热至沸,加入0.75 g大丽紫,搅动,冷却过滤,贮存于棕色瓶中。

2. 醋酸洋红

取45 ml冰醋酸,加入55 ml蒸馏水,加热至沸,移走火源,徐徐加入2 g洋红粉末,再加热至沸1～2 min,冷却后加入2%硫酸亚铁(铁明矾),过滤后贮存于棕色瓶中。

3. 醋酸地衣红

配法同醋酸洋红,但不必加铁明矾($FeSO_4 \cdot 7H_2O$)。

4. 丙酸-乳酸-地衣红

取丙酸和乳酸各50 ml,混合后加热至沸,加入2 g地衣红,冷却过滤即为原液,用时稀释为45%的染液。

5. 醋酸-铁矾-苏木精

(1) 配方Ⅰ

A液:称取苏木精1 g,加50%冰醋酸或丙酸100 ml。

B液:称取铁矾0.5 g,加50%醋酸或丙酸100 ml。

以上两液可长期保存,用前等量混合,每100 ml混合液中加入4 g水合三氯乙醛,充分溶解,摇匀,存放1 d后使用。该混合液只能存放一个月,两周内使用效果最好,故不宜多配。

(2) 配方Ⅱ

A液:称取铵明矾[$AlNH_4(SO_4)_2 \cdot 12H_2O$]0.1 g、铬明矾[$CrK(SO_4)_2 \cdot 12H_2O$]0.1 g、碘0.1 g,加3 ml 95%乙醇。

B液:浓盐酸(比重1.19)3 ml。

C液:称苏木精2 g,加入50 ml 45%冰醋酸,待苏木精完全溶解后,加入0.5 g铁明矾($FeSO_4 \cdot 7H_2O$)。存放1 d后方可使用,染色力可保持4周,一次不要多配。

以上三种溶液染色时混合使用。

(3) 配方Ⅲ

称苏木精0.5 g,溶解于100 ml 45%冰醋酸中,用前取3～5 ml,用45%冰醋酸稀释1～2倍,加入铁明矾饱和溶液(铁明矾溶于45%冰醋酸中)1～2滴,溶液即由棕黄变为紫色,立即使用,不能保存。

6. 铁明矾-苏木精

A液:称苏木精0.5 g,溶解于100 ml蒸馏水中(也可配成2%苏木精母液,用时稀释)。经1～2个月后方可使用,如果急用可在溶液中加0.1 g碘酸钠,溶解后即可使用。

B液:称4 g铁明矾,溶于100 ml蒸馏水中,现用现配。

以上两种溶液染色前配合使用。

7. 席夫试剂及漂洗液

(1) 席夫试剂

将100 ml蒸馏水加热至沸,移去火源,加入0.5 g碱性品红,再继续煮沸5 min,并随时搅拌，冷却到 50℃时过滤，置入棕色瓶中，加 10 ml 1 mol/L 盐酸，待冷至 25℃时加入 1 g偏重亚硫酸钠(钾)，同时震荡一下，盖紧，放暗处过夜，次日取出呈淡黄色，加 0.5 g 中性活性炭，剧烈震荡 1 min，过滤后即可。如果次日取出为无色透明液体，可直接使用，不必加活性炭。

此液必须保存在冰箱中或阴凉处，并且外包黑纸，以防长期露在空气中加速氧化而变色。如不变色可继续使用，如变为淡红色可再加少许偏重亚硫酸钠，转为无色可使用，出现白色沉淀不可再使用。

(2) 漂洗液

量取 5 ml 1 mol/L 盐酸、5 ml 10%偏重亚硫酸钠(钾)、100 ml 蒸馏水。现用现配。

8. 改良苯酚(卡宝)品红染液

(1) 母液 A：100 ml 70%乙醇加 3 g 碱性品红(可长期保存)。

(2) 母液 B：取 5%苯酚水溶液 90 ml，加入 10 ml 母液 A(此液限于两周内使用)。

(3) 苯酚(卡宝)品红染液：取 45 ml 母液 B，加入 6 ml 37%的甲醛。

(4) 改良苯酚(卡宝)品红：取 2～10 ml 苯酚(卡宝)染液，加 90～98 ml 45%醋酸和 1.8 g 山梨醇，在室温下保存 2 周后再使用。

附录 4　实验常用数据

1. 主要作物种子的发芽温度和水分

名　称	发芽温度/℃			种子发芽需要水分(相当于种子重的%)
	最　低	最　适	最　高	
水　稻	10～12	28～32	40～44	25～30
小　麦	1～2	15～20	30～35	50～55
大　麦	3～4	20～25	28～30	48～68
玉　米	6～7	28～35	44～50	40 左右
高　粱	6～7	32～33	44～50	45～50
谷　子	7～8	24 左右	30	25～30
大　豆	6～7	25～31	39～40	120～140
蚕　豆	3.8	25	30～35	110～120
豌　豆	1～2	25～26	36～37	100～110
棉　花	10～11	25～30	40	50 以上
大　麻	1～3	35～40	40～45	45 左右
蓖　麻	10	15～20	—	—
麻	4～6	15～20	—	—
油　菜	1～5	20～25	37～44	40～50
花　生	12	18～25	35	—
向日葵	4～6	15～20	—	55～60
芝　麻	15	24～32	—	—
甜　菜	2～3	15～20	—	100～170
烟　草	10	25～28	30～40	—
甘　薯	20	28～32	35	—
马铃薯	4～5	11～13	—	—
苜　蓿	0～5	31～37	37～44	—

2. 多种植物种子的寿命

(1) 作物种子的寿命与利用年限

名　称	寿　命/年	利用年限/年	名　称	寿　命/年	利用年限/年
水　稻	3	2	大　豆	3	2
小　麦	2	2	豌　豆	4	2
大　麦	2	2	向日葵	3	1
玉　米	3	3	南　瓜	5	4
谷　子	5	1	大　麻	3	2
高　粱	2	2			

(2) 常见花卉种子寿命

名　称	寿　命/年	名　称	寿　命/年
蜀　葵	3～4	波斯菊	3～4
金鱼草	3～4	蛇目菊	3～4
楼斗菜	2	大丽花	5
雏　菊	2～3	紫罗兰	4
翠　菊	2	矮牵牛	3～5
金盏花	3～4	福禄考	1
风铃草	3	半支莲	3～4
美人蕉	3～4	菊　花	3
长春花	2	报　春	2～5
飞燕草	1	牵　牛	3
石　竹	3～5	鸢　尾	2
毛地黄	2～3	香豌豆	2
一点缨	2～3	百　合	2
天人菊	2	剪秋罗	3～4
霞　草	5	千屈菜	2
向日葵	3～4	茑　萝	4～5
麦秆菊	2～3	一串红	1～4
凤仙花	5～8	万寿菊	4
鸡　冠	4～5	旱金莲	2
矢车菊	2～3	美女樱	2
桂竹香	5	三色堇	2
醉蝶花	2～3	百日草	3

3. 几种动植物及人细胞有丝分裂持续时间

名　称	组　织	温度/℃	持续时间/min				
			前　期	中　期	后　期	末　期	总　和
洋　葱	根尖	20	71	6.5	2.4	3.8	83.7
燕　麦	根尖	19	36～45	7～10	15～20	20～35	78～110
豌　豆	内胚乳	—	40	20	12	110	182
	根尖	—	78	14.4	4.2	13.2	109.8
鸭跖草	雄蕊毛	103	103	14	6	15	128
鸢　尾	胚乳	—	40～65	10～30	12～22	40～75	102～108

（续　表）

名　称	组　织	温度/℃	持续时间/min				
			前　期	中　期	后　期	末　期	总　和
	根尖	20	78	14.4	4.2	13.2	110
蚕　豆	根尖	19	90	31	34	34	199
蝗　虫	成神经细胞	—	102	13	9	57	181
蝾　螈	胚胎肾脏细胞	20	59	55	6	75	195
	肝脏成纤维细胞	26	≥18	17～38	14～26	28	—
鸟	成纤维细胞培养物	—	102	13	9	57	181
小　鼠	脾间质细胞	38	21	13	5	20	59
人	癌细胞	37	<30	36	4	19	—

4. 几种植物减数分裂的持续时间

单位：分

植　物	细线-粗线	粗线-二分体	二分体-终变期	合　计
大　麦	29.8	7.4	2.2	39.4
小　麦	16.0	5.6	2.4	24.0
黑　麦	39.4	8.1	3.7	51.2
小黑麦	12.8	5.8	2.3	20.9
百　合	120.0	24.0	24.0	168.0
延龄草	190.0	64.0	24.0	274.0

5. 多种生物体细胞染色体数目

名　称	染色体数目/个	名　称	染色体数目/个
衣藻	16(*n*)	大麻	20
水绵	24	红麻	36
链孢霉	7(*n*)	萱麻	28
青霉	4(*n*)	亚麻	30、32
曲霉	8(*n*)	蓖麻	20
玉米	20	芝麻	52
大麦	14	圆果种黄麻	14
小麦	42	长果种黄麻	14
黑麦	14	白菜型油菜	20
燕麦	42	芥菜型油菜	36
荞麦	16	甘蓝型油菜	38
水稻	24	白菜	20
高粱	20	韭菜	32
粟	18	蒜	16
黍	36	丝瓜	26
马铃薯	48	冬瓜	24
甘薯	90	莴苣	18
甜菜	18	杨树	38
烟草	48	榆	28
大豆	40	银杏	24
花生	40	梅	16
油桐	22	杏	16

(续 表)

名　称	染色体数目/个	名　称	染色体数目/个
冬果梨	34	蚕豆	12
葡萄	38、40、76	豌豆	14
椰子	32	菜豆	22
柚子	18	绿豆	22
柠檬	18、36	四季豆	22
香蕉	22、33、44	豇豆	22、24
紫花苜蓿	32	洋葱	16
紫云英	16	萝卜	18
金鱼草	16	胡萝卜	18
牡丹	20	茄子	24
麻黄	28	辣椒	24
板栗	24	番茄	24
柏	22	芹菜	22
杉	22	甘蓝	18
垂柳	76	菠菜	12
国槐	28	百合	24
刺槐	20	姜	22
紫穗槐	40	芋	28
眼虫	90	西瓜	22
水螅	12	甜瓜	24
马蛔虫	4	黄瓜	14
蚯蚓	32	南瓜	40
家蚕	56	苹果	34、51
海胆	36	甜橙	18、36
剑水蚤	4	桃	16
河虾	116	李	16
家蝇	12	葱	16
果蝇	8	胡芦	22
蚊子	6	西胡芦	40
海鞘	28	苦瓜	22
文昌鱼	24	倭瓜	24
泥鳅	12	柳树	38
鲤	104	槐	20
鲫	94	樱桃	32
非洲鲫鱼	44	柿	90
牦牛	60	狗鱼	18
犏牛	60	大麻哈鱼	74
云南野牛	56	鳙	48
山羊	60	鲢	48
绵羊	54	草鱼	48
亚洲棉	26	阔尾鳟鱼	48
非洲棉	26	剑尾鱼	48
海岛棉	52	普通白鲑	80
陆地棉	52	河鲑	24
向日葵	34	虹鳟	60
茶	30	普通鲑	60
橡胶	36	褐鳟	80

（续　表）

名　称	染色体数目/个	名　称	染色体数目/个
茴鱼	102	大鼠	42
团头鲂	52	小鼠	40
蝾螈	24	兔	44
黑斑蛙	26	狗	78
金线蛙	26	猫	38
中华大蟾蜍	22	黄牛	60
鳄	32	水牛	48
蛇	36	瘤牛	60
鸡	78	驴	62
火鸡	82	马	64
鸭	80、78	猪	38
鸽	80	鹿	14
袋鼠	20	猕猴	42
豚鼠	64	人	46
金地鼠	44		

6. $x^2 = \sum \frac{(O-E)^2}{E}$ 值分布表

自由度	概率值(P)				
	0.99	0.95	0.05	0.01	0.001
1	0.000 157	0.003 93	3.841	6.635	10.83
2	0.020 1	0.103	5.991	9.210	13.82
3	0.115	0.352	7.815	11.34	16.24
4	0.297	0.711	9.488	13.28	18.47
5	0.554	1.145	11.07	15.09	20.51
6	0.872	1.635	12.59	16.81	22.46
7	1.239	2.167	14.07	18.48	24.32
8	1.646	2.733	15.51	20.09	26.13
9	2.088	3.325	16.92	21.67	27.88
10	2.558	3.940	18.31	23.21	29.59
11	3.053	4.575	19.68	24.72	31.26
12	3.571	5.226	21.03	26.22	32.91
13	4.107	5.892	22.36	27.69	34.53
14	4.660	6.571	23.68	29.14	36.12
15	5.229	7.261	25.00	30.58	37.70
16	5.812	7.962	26.30	32.00	39.25
17	6.408	8.672	27.59	33.41	40.79
18	7.015	9.390	28.87	34.81	42.31
19	7.633	10.12	30.14	36.19	43.82
20	8.260	10.85	31.41	37.57	45.31
21	8.897	11.59	32.67	38.93	46.80
22	9.542	12.34	33.92	40.29	48.27
23	10.20	13.09	35.17	41.64	49.73
24	10.86	13.85	36.42	42.98	51.18

(续　表)

自由度	概　率　值(p)				
	0.99	0.95	0.05	0.01	0.001
25	11.52	14.61	37.65	44.31	52.62
26	12.20	25.38	38.89	45.64	54.05
27	12.88	16.15	40.11	46.96	55.48
28	13.56	16.93	41.36	48.28	56.89
29	14.26	17.71	42.56	49.59	58.30
30	14.65	18.49	43.77	50.89	59.70

注：本表可用于频数分析和差异显著性检验。表中的数值，除自由度与概率值外均为 χ^2 值。

7. t 值分布表*

自由度	概　率　值(P)					
	0.10	0.05	0.02	0.01	0.002	0.001
1	6.314	12.71	31.82	63.66	318.3	636.6
2	2.920	4.303	6.965	9.925	22.33	31.60
3	2.353	3.182	4.541	5.841	10.21	12.92
4	2.132	2.776	3.747	4.604	7.173	8.610
5	2.015	2.572	3.365	4.032	5.893	6.869
6	1.943	2.447	3.143	3.707	5.208	5.959
7	1.895	2.365	2.998	3.499	4.785	5.408
8	1.860	2.306	2.896	3.355	4.501	5.041
9	1.833	2.262	2.821	3.250	4.297	4.781
10	1.812	2.228	2.764	3.169	4.144	4.587
11	1.796	2.201	2.718	3.106	4.025	4.437
12	1.782	2.179	2.681	3.055	3.930	4.318
13	1.771	2.160	2.650	3.012	3.852	4.221
14	1.761	2.145	2.624	2.977	3.787	4.140
15	1.753	2.131	2.602	2.947	3.733	4.073
16	1.746	2.120	2.583	2.921	3.686	4.015
17	1.740	2.110	2.567	2.898	3.646	3.965
18	1.734	2.101	2.552	2.878	3.610	3.922
19	1.729	2.093	2.539	2.861	3.579	3.883
20	1.725	2.086	2.528	2.845	3.552	3.850
21	1.721	2.080	2.518	2.831	3.527	3.819
22	1.717	2.074	2.508	2.819	3.505	3.792
23	1.714	2.069	2.500	2.807	3.485	3.767
24	1.711	2.064	2.492	2.797	3.467	3.745
25	1.708	2.060	2.485	2.787	3.450	3.725
26	1.706	2.056	2.479	2.779	3.435	3.707
27	1.703	2.052	2.473	2.771	3.421	3.690
28	1.701	2.048	2.467	2.763	3.408	3.674
29	1.699	2.045	2.462	2.756	3.396	3.659
30	1.697	2.042	2.457	2.750	3.385	3.646

* 本表用于差异显著性及可信限测定，由计算所得 t 值根据其自由度可查得概率值。例如，自由度为 10，t 值为 3.169 时，其概率值为 0.01，即 1%。反之，也可根据自由度和所需概率值，查得 t 值。

附录5　实验报告范文

范文一

课　　程：遗传学　　　　系　　别：生物技术系
实验号数：4　　　　班　　级：* * * *
实验日期：2013-05-21　　　　姓　　名：* * *
实验题目：果蝇的两对因子的自由组合　　　　教师签字：☆☆☆

【实验目的】

1. 了解果蝇两对相对性状的杂交方法，验证并加深理解遗传的自由组合定律。

2. 记录杂交结果，掌握数据统计处理方法。

【实验原理】

Mendel 定律是 Mendel 根据豌豆杂交实验的结果提出的遗传学中最基本的定律。Mendel 最早选用豌豆，根据从简单到复杂的原则，提出了分离定律和自由组合定律。

自由组合定律是指非同源染色体上的决定不同对性状的基因在形成配子时等位基因分离，不同对基因（非等位基因）之间互不干扰，其实质是 F_1 产生配子时，等位基因分离，非同源染色体上的非等位基因自由组合。最初由 Mendel 在做两对相对性状（豌豆的子叶颜色黄色、绿色，圆粒和皱粒）的杂交实验时发现，基因分离比为 9∶3∶3∶1。

位于不同染色体上的 2 个等位基因是独立传给子代的。因此可在验证自由组合定律的同时，选取其中一组性状来验证分离定律。用于杂交的 2 对等位基因必须位于不同染色体上，即不能连锁。所以实验选取突变型果蝇（黑檀体 *e*，残翅 *vg*；vg 和 e 基因分别位于第 2、3 号染色体上）与野生型果蝇（灰身、长翅）杂交，得到 F_1 杂合体，再由 F_1 个体互交得到 F_2，预计应有野生型、灰身残翅、黑檀体长翅和黑檀体残翅 4 种表现型，其比例应接近 9∶3∶3∶1。

Mendel 遗传定律在实践中的一个重要应用就是在植物的杂交育种上。在杂交育种的实践中，可以有目的地将两个或多个品种的优良性状结合在一起，再经过自交，不断进行纯化和选择，从而得到一种符合理想要求的新品种。

【材料与用品】

乙醚，乙醇，培养基，显微镜，麻醉瓶，白色硬纸板，小毛笔或解剖针，培养瓶，标签，恒温培养箱，解剖镜，野生型果蝇原种（1 号），黑檀体、残翅突变型果蝇原种（2 号）。

【实验步骤】

1. 选择处女蝇

杂交前提前将装有不同表现型果蝇培养管中的成年果蝇全部放出，确保 8～10 h 后培养管中的雌果蝇都是刚刚孵化的处女蝇。选取野生型（灰体、长翅）处女蝇和突变型（黑檀体、残翅）处女蝇，分别放于含新鲜培养基的培养瓶内保存备用。

2. 杂交

正交：野生型处女蝇与黑檀体残翅果蝇。反交：黑檀体残翅处女蝇与野生型果蝇。各做 2 瓶，每瓶各放 2～4 对果蝇，作为亲本。并贴上标签，写上杂交组合、实验时间和实验者的姓名等内容。待培养瓶中果蝇全部苏醒后，将培养瓶置于 25℃ 培养箱中培养一周。

3. 移去亲本

将培养瓶中所有亲本果蝇清除,继续培养一周,并配制新的培养基,以备后续使用。

4. 观察 F_1

记录正反交组合中 F_1 的性状。

5. F_1 互交

从正、反交组合中的 F_1 中各挑选出两对果蝇(无需处女蝇),放入一个新的培养瓶,贴上标签,在25℃条件下培养一周。

6. 移去 F_1

将培养瓶中所有亲本果蝇清除后,继续培养一周。

7. 观察 F_2 及实验结果记录

当 F_2 代果蝇数目足够时,将成蝇全数麻醉至死,倾倒在白色硬纸板上,用解剖镜观察果蝇的不同性状,分别统计并记录数据。

8. 数据处理及 χ^2 测验

【实验结果与数据处理】

1. 实验结果

本实验的两对因子的杂交实验结果见表1。

表1 野生型果蝇(1号)与黑檀体、残翅突变型果蝇(2号)的杂交结果

	正交(雌1号×雄2号)				反交(雌2号×雄1号)			
F_1	表现型数目		灰身长翅 146		表现型数目		灰身长翅 23	
F_2 表现型	灰身长翅	黑檀体长翅	灰身残翅	黑檀体残翅	灰身长翅	黑檀体长翅	灰身残翅	黑檀体残翅
数目	195	50	67	17	112	49	16	16
比例	12	5	4	1	8.5	4	4	1

2. χ^2 测验结果

正、反交的 χ^2 测验结果分别见表2和表3。

表2 双因子正交 χ^2 测验结果

F_2 表现型	灰身长翅	黑檀体长翅	灰身残翅	黑檀体残翅	总　计
O	195	50	67	17	329
E	185.1	61.7	61.7	20.6	329
$(O-E)^2$	98.1	136.89	28.09	12.96	
$(O-E)^2/E$	0.53	2.22	0.46	0.63	3.84

自由度 df=4−1=3,经统计分析得出观察值与期望值差异不显著($P>0.05$),遗传学上可以认为观察频数与理论频数间的差异属于随机误差,双因子正交符合Mendel自由组合定律。

自由度 df=4−1=3,经统计分析得出观察值与期望值差异极显著($P<0.01$),实验所得数据与按Mendel第二定律所预期的数据偏差较大。

表 3　双因子反交 χ^2 测验结果

F_2表现型	灰身长翅	黑檀体长翅	灰身残翅	黑檀体残翅	总　计
O	112	49	16	16	193
E	108.6	36.2	36.2	12.1	193
$(O-E)^2$	11.56	163.84	408.04	15.21	
$(O-E)^2/E$	0.11	4.53	11.27	1.26	17.17

【讨论】

在本实验的推测分析中，体色和翅型是两对独立的基因，它们能够进行自由组合定律。对于每对基因来说，自身遵守分离定律。双因子 χ^2 测验主要是用来验证是否符合自由组合定律。统计结果显示，双因子正交的 χ^2 测验结果差异不显著，说明实验得到的数据与理论的数据相差不大，支持最初的假设。但是对于双因子反交的 χ^2 测验结果差异极显著($P<0.01$)，说明与最初假设相很大，针对以上发生的现象，认为主要的原因是：① 选取的实验方案本身存在问题，可能是实验操作中的某个环节出现了问题，如处女蝇的选择出现误选或控制时间有误，或有其他果蝇混杂等；② 样本数目少，因为整个实验果蝇总数都未超过 200 只，数目越少误差越大，可能是由于未数清楚等人为因素使实验出现了严重的误差。

范文二

实 验 报 告

专业	生物科学	班级	2011 级本科 01 班	课程	遗传学
姓名	王爱云	学号	20112513800	组别	第 2 组
实验项目	植物染色体带型分析	项目类型①	综合型	完成时间	2014 年 5 月 6 日

一、实验目的与要求

学习植物染色体 Giemsa 显带技术和带型分析方法，进一步鉴别植物染色体组和染色体的形态结构，加深了解植物染色体带型分析技术在植物细胞学、细胞遗传学、植物分类学、染色体工程学、农作物遗传育种等研究领域的应用情况。

二、实验原理

染色体显带技术是一项借助某些特殊的染色程序，使染色体在一定部位呈现出深浅不一的带纹的细胞学技术。它能使不可察觉的染色体结构和成分变化转变为可以定量表述的带型变化。

根据所用染料不同，染色体显带技术可分为两大类：荧光分带(所用染料为喹吖因、芥子喹吖因及 Hoechst33258 等)和 Giemsa 分带(所用染料为吉姆萨)。其中，Giemsa 分带因预处理的方式不同又分成 Q-带、G-带、R-带、C-带、T-带和 N-带等多种类型。

C-带是染色体经酸(HCl)、碱[$Ba(OH)_2$]和缓冲盐溶液(2×SSC)处理后，再以

① 实验类型，一般分为验证型、设计型、创新型、综合型等。

Giemsa 染液染色而显示的带型。它主要显示着丝粒附近的异染色质,包括染色体 C-带结构特征、C-带位置、染色强度、异染色质含量等。显示 C-带的方法主要有 BSG 法、HSG 法、HBSG 法、SSG 法、胰酶-Giemsa 法、Feulgen-Giemsa 法等。

C-带显示原理:染色体经比较温和的碱或酸变性处理后,DNA 双链解开,再在盐溶液中温育复性。复性时异染色质较常染色质快,可以优先与 Giemsa 结合,染色较深,而常染色质则着色较浅,从而在整条染色体上形成深浅不一的带纹。

染色体 C-带在同一属内有一明显而恒定的 C-带结构模式,往往构成"标志性 C-带带纹",由此作为细胞分类学指标,可以进行属级分类单元的比较。染色体 C-带核型还可以从不同层次上反映其生物类群间的分类关系,用于核型分析、远缘杂交和染色体的细胞学鉴定、多倍体起源的研究等。

三、实验材料

节节麦(*Aegilops tauschii* Cosson)根尖及经 C-分带技术处理得到的染色体图片。

四、器皿及试剂

1. 制备染色体玻片标本用

0.1%秋水仙素溶液、0.075 mol/L 氯化钾溶液、卡诺固定液、Giemsa 染液、5% $Ba(OH)_2$、1 mol/L HCl、0.2 mol/L HCl、1 mol/L NaH_2PO_4溶液、2×SSC(saline sodium citrate)液、pH6.8 的磷酸缓冲液、蒸馏水、0.1%的秋水仙素、45%的乙酸、无水乙醇、70%乙醇、载玻片、盖玻片、刀片、滤纸、镊子、恒温水浴锅、冰箱、-80℃低温冰箱、染色缸、烧杯、显微镜等。

2×SSC 液的配制:0.3 mol/L 氯化钠,0.03 mol/L 柠檬酸钠;以配制 1 L 2×SSC 液为例,称取 17.53 g 氯化钠,8.83 g 柠檬酸钠,混合,加蒸馏水定容至 1000 mL,用 HCl 调 pH 至 7.0。

2. 带型分析用

毫米尺、镊子、剪刀、绘图纸、圆规、铅笔、胶棒等。

五、实验步骤

(一) 制作染色体玻片标本(利用常规压片法或去壁低渗法)

1. 预处理:剪取节节麦 1~2 cm 的根尖,在 25℃条件下 0.1%秋水仙素溶液处理 3~4 h,用蒸馏水冲洗 3 次。

2. 低渗:用 0.075 mol/L 的氯化钾溶液室温下处理约 25 min。

3. 固定:卡诺固定液 4℃固定 3~24 h。

4. 保存:固定后的根尖转到 70%的乙醇中,置于 4℃保存备用。

5. 解离:用蒸馏水冲洗根尖,用染色缸装载的 60℃的 1 mol/L HCl 中浸泡 8~10 min,再用蒸馏水彻底冲洗。

6. 制片:基本操作方法与常规压片方法相同。取根尖置于洁净的载玻片上,加适量的 45%的乙酸进行软化,促使细胞迅速分散,等几分钟然后用镊子夹着盖玻片缓缓盖上,敲片。

7. 干燥:将制好的片子(染色体分散好)在-80℃的冰箱内进行冷冻 30 min 后揭片,空气干燥 3~7 d,再用无水乙醇处理 1 h 后再干燥 24 h 以上。

(二) BSG 法进行显带处理

1. 变性:将染色体玻片标本放入盛有新配制的 5% $Ba(OH)_2$水溶液的染色缸内,在室温下(20℃左右)静置15～20 min。然后把染色缸连同制片移至水龙头下，用逐步置换的方法将缸内的$Ba(OH)_2$溶液去除干净。再将水换成蒸馏水，每隔4～5 min换1次，重复3次左右。

2. 复性：取出制片，放入60℃ 2×SSC溶液中保温30～60 min，再用蒸馏水换洗几次(不用冲洗，以免染色体丢失)，室温下风干。

3. 染色：使用1∶10的Giemsa染液(染液用pH=6.8的磷酸缓冲液稀释)在染色缸中染色20 min左右，蒸馏水漂洗，空气干燥后即可观察。

4. 拍照、分析：或者用HSG法进行显带处理：用HCl代替$Ba(OH)_2$，操作与BSG法相似。将干燥后的制片放入0.2 mol/L HCl中，室温下(25℃左右)处理60 min，蒸馏水冲洗，其他步骤同BSG法。

(三) 分析

1. 选取良好的有丝分裂中期的C-带图片。

2. 染色体C-带位置

(1) 着丝粒C-带(也称着丝粒区C-带)：指着丝粒本身及其相邻部分的C-带纹。

(2) 端部C-带：指染色体末端区域的C-带纹。

(3) 居间C-带：在着丝粒C-带和端部C-带之间的C带纹。

根据其所在位置又细分为近着丝粒带、中间带、亚中间带和亚端带等。

3. 每对同源染色体上相对应的C-带是否纯合

即在某一特定位置相配对的两条染色体是否都具有带纹，带纹大小、染色程度是否一致，如不一致，则按杂合计。

4. 各染色体C-带带纹的着色程度

在同样的处理程序下，染色体组中各染色体C-带带纹上存在恒定的深浅不同的着色反应，它表示C-带结构异染色质在质上的差异。

可以用以下四级表示法表示。

特强，染色极深；强，染色较深；中，染色程度中等；弱，染色极淡。

5. 根据以上C-带各项统计结果，描述各染色体的C-带特征，并据此绘制出节节麦染色体C-带带型示意图。

六、实验结果

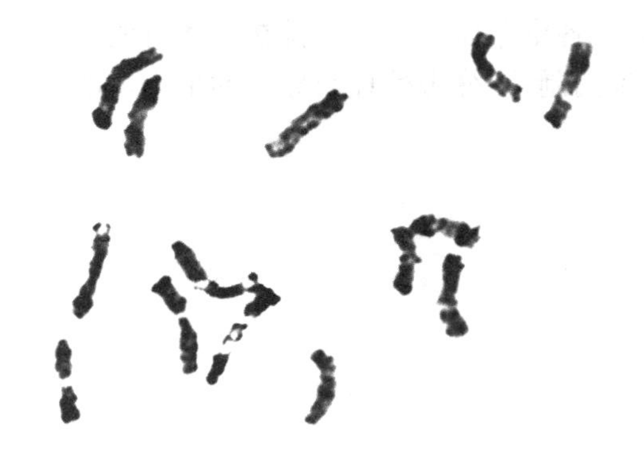

经C-分带技术处理得到的节节麦染色体图片

排队：

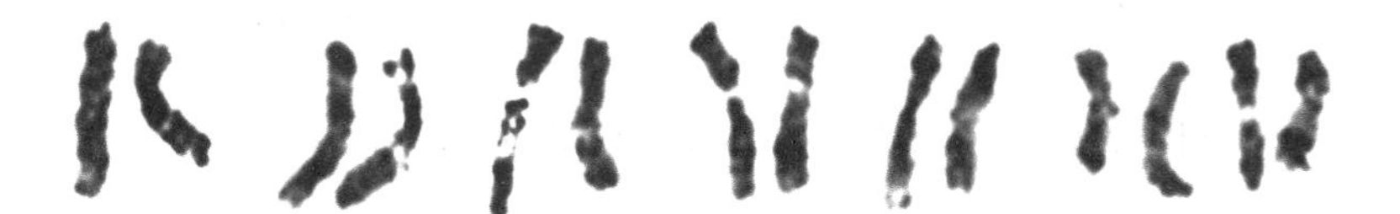

C-带带型示意图：

对各染色体的描述如下。

1D：短臂具有端带，长臂具有端带和两条不太明显的中间带。

2D：短臂具有端带及明显的近着丝粒带，长臂具端带及两条小的中间带。

3D：短臂显示端带及亚端带。

4D：短臂具有端带及近着丝粒带，长臂具有1条明显的特征带。

5D：是节节麦中唯一一组随体染色体，短臂具有端带和1条中间带，随体经C-带分带后不易观察。

6D：为等臂染色体，长臂及短臂各具有1条明显的中间带。

7D：长臂具有端带，长臂和短臂上具有近端带及不太明显的小带。

七、小结

材料处理温度及时间：如60℃ 2×SSC溶液中保温30～60 min，染色缸和溶液要提前达到目的温度再将材料放入。

在观察染色体C-带带型时，同时要考虑染色体长度、着丝粒位置等核型特征，要从大到小，短臂向上、长臂向下，各染色体的着丝粒排在一条直线上。

带型辨别时要考虑到因制片、分带处理而导致的带型可能出现的变化。